SCI
Steel Knowledge

Advanced Steel Construction No.01

PC슬래브 활용

슬림플로어 설계

Design of Asymmetric Slimflor Beams
with Precast Concrete Slabs

posco RIST 재단법인 포항산업과학연구원
Research Institute of Industrial Science & Technology

발간사

우리나라에서 건설기술은 과거 눈부신 국가 발전의 근간이 되었던 기반 산업으로서, 나아가 사회, 경제의 뒷받침이 되는 기틀로서 국가 선진화의 한 축을 담당하고 있는 주요한 역할을 하고 있습니다.

최근 국내, 외에서는 100층 이상의 초고층 건축물, 초장대 교량 등 첨단의 건설기술을 선보이는 사례를 많이 볼 수 있습니다. 건설기술은 반도체, 자동차 등 타 분야의 기술과 마찬가지로 여러 가지 첨단 기술이 집적되는 주요한 분야로서 최근 눈부신 사례의 이면에는 고도의 엔지니어링 기술이 뒷받침 되고 있음을 알 수 있습니다. 강구조 기술은 이러한 분야에서 매우 필수적이고 주요한 기술입니다. 건설산업의 제반 분야에서 점점 더 고도화된 엔지니어링이 요구됨에 따라 이에 강구조 기술의 활용은 더욱 더 그 중요성이 부각되고 있습니다.

기술을 자유로이 이용하기 위해서는 무엇보다도 그 기술에 대한 깊이 있고 적절한 이해를 필요로 합니다. 이러한 이해의 근간에는 지속적이고 체계적인 기술의 축적과 이에 대한 적절한 보급이 요청됩니다. 그러나, 우리나라의 경우에는 세계적인 건설기술 위상에 걸맞지 않게 기술의 축적과 공유는 매우 부족한 실정이며, 강구조 분야에서도 이러한 상황은 마찬가지라 할 수 있습니다.

포스코는 1996년 포항산업과학연구원 강구조 연구소를 개소한 이래 국내 강구조 기술의 발전을 위하여 많은 노력을 기울여 왔으며, 금번 국내 건설기술 선진화의 일환으로서 선진 강구조 기술의 보급과 적용 확대를 위하여 SCI(Steel Construction Institute)에서 출간하고 있는 강구조 기술 시리즈를 발간, 지원하게 되었습니다. 영국은 강구조의 전통이 깊은 나라로서 다채롭고 풍부한 강구조물의 역사를 보유하고 있으며, 특히 SCI 는 강구조 전문 연구기관으로서 건축 및 토목 분야에서 강구조물의 신기술 개발 및 보급에 앞장을 서고 있습니다. SCI의 기술자료는 건축 및 토목 강구조물에서 가장 기본적이고도 긴요한 기술적 사항들을 다루고 있으며, 아울러 최근의 선진적 연구 사례들을 포함하고 있어 국내의 실무자 및 교수, 건축 및 토목을 공부하는 학생들에게 좋은 지침이 되리라 생각합니다.

향후 강구조 기술과 관련한 제반 분야의 SCI 기술자료는 일련의 시리즈물로서 지속 소개될 예정입니다. 금번 기술자료의 발간이 국내 강구조 발전에 알찬 초석이 되기를 기대하며, 끝으로 본 자료의 발간을 지원해 주신 포스코 기술연구원에 다시 한 번 깊은 감사를 드립니다. 향후 우수한 건설인들의 많은 참고와 활용 바랍니다.

포항산업과학연구원 강구조연구소장 **장 인 화**

역자 서문

최근 세계적인 경제위기로 국내의 건설시장과 강구조 건설부문은 많은 어려움과 위축을 겪고 있는 실정이다. 이러한 시점에 세계에서 강구조 활용이 가장 활발한 국가의 하나인 영국의 최신 실무기술을 국내에 소개하여 국내 강구조 건설시장의 활성화에 일조하고자, 포스코 강구조연구소의 지원으로 영국 강구조연구소(SCI, Steel Construction Institute) 기술자료의 제1차 번역작업을 수행하였다.

영국의 강구조 건설분야는 1970년대부터 코러스(CORUS)와 영국강구조연구소(SCI), 임페리얼 대학의 30년간 지속적인 공동연구 및 기술실용화 노력에 힘입어 전 세계에서 가장 활성화되어 있다. 중심역할을 하고 있는 SCI는 건설기술개발 및 강재의 효율적인 적용에 관한 다양한 활동을 하고 있는 비영리 연구기관이다. 주요 연구개발 분야는 건물, 공장, 교량, 사회기반시설 및 해양구조물을 포괄하고 있으며, 강구조 및 합성구조, 경량철골구조, 그리고 모듈러건축과 관련된 많은 실용기술 개발을 통하여 강구조 활성화에 큰 기여를 해오고 있다. 탄소강은 물론 스테인리스강의 구조설계, 동적거동평가, 내화공학, 지속가능한 건축, 가치공학, 정보기술, 음향 및 단열성능 등에 관한 다양한 설계도서 및 지침서를 지속적으로 출간하고 있으며, 현재까지 200여권이 출간되어 실무자에게 많은 호평을 받고 있다.

1차적으로 국내에 가장 파급효과가 클 것으로 기대되는 1) 강구조 글레이징 시스템, 2) 강구조 건물의 신내화설계법, 3) 강구조 바닥진동의 새로운 설계법, 4) 강구조 주거용 건축, 5) PC 슬래브 활용 슬림플로어 설계 등과 관련된 5권의 기술자료를 선정하여 번역작업을 수행하였다. 본 기술자료는 상대적으로 익숙한 미국과 일본의 관련 기술과 대비되는 최근의 유럽 선진기술을 접하는 계기가 될 것이다. 초벌번역에 고생한 서울대 건축학과의 김정재(강구조 글레이징 시스템), 안재권(강구조 건물의 신내화설계법), 한규홍(강구조 바닥진동의 새로운 설계법), 부산대 건축학과의 박해용(강구조 주거용 건축), 그리고 고려대 건축·사회환경공학부의 박세호(PC 슬래브 활용 슬림플로어 설계) 대학원생에게 깊은 감사를 드린다.

2009년 9월

서울대학교 건축학과 **이 철 호** / 부산대학교 건축학부 **오 상 훈**

고려대학교 건축·사회환경공학부 **주 영 규** / 포항산업과학연구원 **백 승 경**

저자 서문

슬림플로어 구조는 현대 영국에서 강구조 건물에 보편적으로 사용되고 있다. 전통적으로, 프리캐스트 슬래브는 I형 단면 하부에 플레이트가 용접되어 구성된 비대칭 철골과 사용될 수 있다. 비대칭 슬림플로어보(Asymmetric Slimflor Beams, ASB)의 장점으로 설명하면, 바닥보의 특별한 조립이 필요 없이 철골에 프리캐스트 부재의 장점을 결합하는 것이 가능하다. 이 공법이 시방서에 완전히 제시될 수는 없다. 그러나 본서는 본 공법의 안전한 사용을 위한 설계 가이드라인과 설계상세들을 제공하고 있다. 설계 소프트웨어 또한 제공되고 있다.

본서는 SCI의 J W Rackham박사, S J Hicks박사 그리고 G M Newman씨가 집필하였고, Surrey대학의 SCI 석좌교수(구조시스템 교수) R M Lawson박사의 도움을 받았다. 다음 분들도 유용한 자문을 해 주셨다.

Mr C Dolling	CORUS 건설사
Mr J Dowling	CORUS 건설사
Mrs M McDermott Smith	CORUS 건설사
Mr P E Peacock	CORUS 건설사
Mr W Swann	CORUS 건설사
Mr M Webb	CORUS 건설사
Mr P Windsor	CORUS 건설사
Mr P Kelly	BISON 콘크리트사

데이터들은 프리캐스트 바닥협회(PFF)에서 또한 지원받았다.
본서의 출판비용은 corus Corus 건설에서 지원받았다.

* 슬림플로어는 Corus사의 공인 상표임
* 소프트웨어에 관한 정보는, www.corusconstruction.com를 참조하세요

목차

요약

본서에서는 중공 단면을 가진 프리캐스트 콘크리트를 이용한 비대칭 Slimflor 보(ASB)의 설계에 대한 가이드라인을 제공한다. 이는 시공상에 따라 크게 두 가지로 분류할 수 있다. 하나는 콘크리트 토핑이 없이 ASB 단면과 PC 단위부재를 연결하는 방법(공법A)이고, 다른 하나는 콘크리트 토핑을 사용하여 ASB 단면과 PC 단위부재를 연결하는 방법(공법B)이다. 각각의 시공 상세는 강건성 확보를 위해서 반드시 필요한 직교 이음 철근과 더불어 기술되었다. 또한 본서는 PC 단위부재를 지지하는데 영향을 주는 지지 길이의 허용 범위와 ASB단면 매립 콘크리트에 대한 시공오차 확보를 위한 단위부재의 단부 처리에 대한 정보 등 실제적인 가이드라인도 제공한다.

또한 본서는 극한한계상태와 사용성 한계상태에서의 주된 설계 검토 사항을 포함하여, 시공단계 및 완공단계(normal stage)에서 고려되어져야 하는 가능한 모든 하중 경우에 대한 단계별 절차를 제시하고 있다. 시공상 이러한 형태의 설계에 영향을 줄 수 있는 특수 사항들, 예를 들어 압축력을 받는 플랜지의 안정성, 하부플랜지의 국부 수평 휨, 휨과 비틀림의 조합 등의 내용도 본서에서 다루고 있다. 설계 방법론은 BS 5950-1 : 2000과 기존 SCI 간행물에 근거한다. 특별한 조건을 만족하는 사용성 상태에서의 공법B와 같이 매우 제한적인 합성 거동을 제외하고는 비합성구조 설계를 기본으로 가정한다. 상세부분에 대한 가이드라인과 화재극한상태에 대한 설계 내용도 제공한다.

기둥과 ASB 단면의 접합부 설계와 강건성과 다이아프램 거동을 포함한 프리캐스트 플로어 슬래브의 설계에 대한 정보도 제시되어 있다. 또한 본 간행물은 각각의 공법A 및 공법B에 시공 방법에 따른 연습 예제를 포함하고 있어 이에 대한 설명을 보충하고 있다.

1. 서론

1.1. 배경

강구조는 빌딩 건설시장에서 높은 시장 점유율을 차지하고 있는데 다양한 형태의 PC(Precast) 플로어와 함께 종종 사용되어 왔다. 다층 철골 구조물의 50% 가량이 PC 플로어를 사용하고 있으며, 병원, 아파트, 주차장과 같은 건물에서 PC 플로어의 사용 비율은 더욱 높다.

프리캐스트 슬래브는 전통적 방식인 '다운스탠드 보(downstand beam : 보의 상부 플랜지 위에 슬래브가 놓이는 형태)' 혹은 보 춤의 내부에 슬래브가 놓이는 슬림플로어보의 형태로 사용되어져 왔다. 두 가지 경우 모두 프리캐스트 구성 단위 부재들은 평평한 밑면을 제공할 뿐만 아니라 기존 합성 슬래브에서 가능했던 것보다 더 긴 스팬을 지지할 수 있다.

지금까지 *Slimflor*®* 보(바닥 플레이트를 용접하여 만든 UC(universal column : 영국 철골부재) 단면들)만이 슬림플로어 시공에 PC 단위부재와 함께 사용되어 왔었다. 그러나 압연 비대칭 슬림플로어보(ASB)가 생산됨에 따라, 특정 설계원칙을 따르고 기하하적 제한조건을 만족하면 PC 단위부재도 ASB와 함께 사용될 수 있게 되었다. 이 설계원칙과 제한규정에 대하여 본서에서 설명할 것이다.

* *Slimflor*® is a Registered Trademark of Corus.

중공층의 유무에 관계없이 모든 PC 단위부재들은 강구조에 사용될 수 있다. 그러나 스팬의 제한과 ASB단면의 보 춤 제한 때문에 중공단면을 지닌 PC 부재가 ASB에 더욱 적합하다. 따라서 본서에서는 중공 PC 슬래브가 ASB에 사용되는 경우를 중심으로 논의할 것이다. 이전 SCI 간행물은 PC 부재와 함께 쓰이는 합성 다운스탠드 보, 또는 조립 슬림플로어보 및 사각형 모양의 중공층을 지닌 슬림플로어 조립 보의 설계에 관한 내용을 담고 있다[1][2][3].

1.2. PC단위부재를 이용한 비대칭 슬림플로어의 장점

강구조물과 PC 단위부재를 함께 사용함으로써 얻는 시너지효과는 현장작업이 아닌 공장 사전조립작업에 의한 기술력에서 발생된다. 그렇기 때문에 공장생산 수준의 품질관리 정밀성과 신뢰성을 확보할 수 있다.

플로어 시공시 ASB와 PC 단위부재를 사용함으로써 얻을 수 있는 주목할만한 장점으로 다음과 같은 것들이 있다.

- 얇은 플로어 춤 (클래딩 비용의 절감)
- 평평한 밑면 (설비배관의 융통성과 간막이 벽 상부의 차음재 설치 용이)
- 향상된 (내재된) 내화성능 (콘크리트에 매립되어 있어 추가 내화피복이 없어도 60분

의 내화성능을 지님)

- 용접에 의한 뒤틀림의 위험 없이 효율적으로 춤이 낮은 단면 형성 가능
- 보의 수 감소 (PC단위부재의 긴 스팬 수용능력으로 기존의 합성구조물에 비해 보의 수가 줄어듦)
- PC 단위부재는 주차장과 같이 좀더 높은 수준의 내구성을 요구하는 반-노출 조건의 건축물에서 보다 선호될 수 있음
- PC단위부재는 적재하중에 의해 발생되는 처짐을 상쇄할 수 있도록 고유의 프리캠버(pre-camber)를 가짐
- 토핑이 없는 경우 건식공법이 가능 (단부나 PC단위부재들 사이에 그라우팅을 하는 것을 제외하면 현장 습식 콘크리트 작업이 필요치 않음)

1.3. 특별 검토 사항

구조용 강재와 PC를 병용하는 경우 설계단계에서 상당한 주의를 요구한다. 본서에서 다루게 될 특별고려사항은 다음과 같다.

- PC 단위부재와 구조용 철골작업에 대한 서로 다른 설계기준이 사용됨 (경우에 따라 어떤 부분은 설계기준 미비)
- 시공단계에서 설계가정과 보의 안전성 확보 (시공팀은 요구되는 일련의 공사 과정에 대한 명확한 지침을 가지고 있어야 함)
- 풍하중에 대하여 플로어를 다이아프램 거동으로 취급 (수직재와 바닥재 사이의 적절한 긴결이 필요)
- 구조적 강건성과 관련된 건축법의 제반 조항을 준수해야 함
- 강재 보와 중공 슬래브 사이의 상호작용 (이러한 것은 슬래브에 2차 응력을 발생시킴)
- 지지 강구조물과 PC 플로어의 내화 요구사항의 일관성
- 보행 등에 의한 바닥 진동에 저항하기 위해 타이(tie) 부재에 의해 슬래브 간의 구조 연속성을 확보하는 것이 중요 (특히 슬래브 상부에 토핑 콘크리트를 타설하지 않는 경우)

본서에서 상세하게 다루어지지는 않지만 고려해야 하는 다른 중요사항은 다음과 같다.

- 설계와 시공상의 책임 소재의 명료화 (이것은 사전설계단계에서 명확하지 않을 수 있음)
- 개구부 설치나 슬래브의 부차적인 부착물 (이러한 요소들은 슬래브나 지지 구조물의

설계에 영향을 줄 수 있음)

- CDM (Construction Design and Management) 규정 (이 규정은 설계자와 도급자가 공사기간 중 안전성 확보를 위한 상호 협력과 건물 소유자에게 필요한 정보를 제공할 것을 요구함)

1.4. 적용 범위

본서는 중공단면을 지닌 PC 단위부재를 이용한 비대칭 슬림플로어보의 설계 방법을 담고 있다. 이 지침서에서 다루는 주요내용은 다음과 같다.

- 중공 단위부재를 사용하는 구법 형태
- 중공 단위부재의 지지길이 및 허용오차, 단부처리와 긴결철근 등을 포함하는 시공상의 사안들
- 시공단계 및 일반 사용하중 하의 극한 한계상태에 대한 설계
- 사용성 성능
- 내화 요구사항
- 접합부 설계
- 유연한 보에 의해서 지지된 경우, PC 단위부재의 강도감소를 포함한 바닥 슬래브 설계
- 플로어의 다이아프램 거동

1.5. 설계기본조건

본서는 BS 5950-1[4]의 원칙에 따라 ASB 단면에 대한 설계 권고 사항을 제공하고 있다. 화재한계상태 설계에 있어서는 BS 5950-8[4]과 BS 476[6]을 참조하였다. 규정에 제시되어 있는 지침이 부적합하거나 완벽하지 않을 경우, 이전 SCI 간행물이나 다른 문헌에서 제안되었던 설계 방법을 사용하였다.

PC 단위부재의 설계는 BS 8110-1[7]과 BS 8110-2[8] 또는 Eurocode2[9]의 관련 있는 부분을 참조하여 수행되어야 한다. 그러나 본서에서는 PC 단위부재에 대한 상세한 설계 지침을 다루지 않는다.

1.6. 설계 소프트웨어

본서에서 설명하고 있는 공학적 설계원칙에 근거하여 중공 PC슬래브를 지지하는 비대칭 보 설계 소프트웨어를 수행 할 수 있다. 다음에 안내된 웹사이트를 통해서 관련정보를 얻을 수 있다. www.corusconstruction.com

2. 구성형태

이 장에서는 강재 보와 PC 단위부재를 사용한 플로어 시스템의 여러 유형에 대해서 설명할 것이다. 이용 가능한 프리캐스트 슬래브의 전반적인 범위와 지지부재인 ASB의 크기에 미치는 영향도 덧붙여 설명될 것이다.

2.1. 일반형태

시공상 두 가지 기본 형태는 다음과 같다.

- 시공유형A – 콘크리트 토핑이 없는 ASB와 PC Unit의 결합
- 시공유형B – 콘크리트 토핑이 있는 ASB와 PC Unit의 결합

시공유형A가 【그림 2.1】에 나타나있다. ASB 하부플랜지에 의해서 지지되는 PC 단위 부재와 ASB 웨브와 PC 단위부재의 단부 사이에 타설되는 현장타설콘크리트로 구성된다. 이러한 현장타설 콘크리트 충전은 단면의 횡비틀림좌굴에

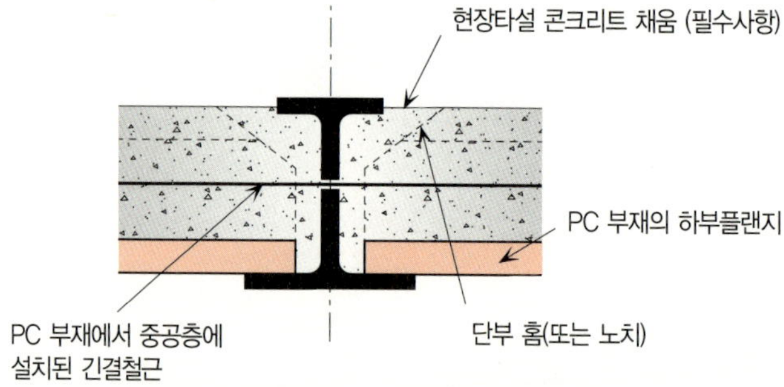

【그림 2.1】 시공유형A (중공 단면)

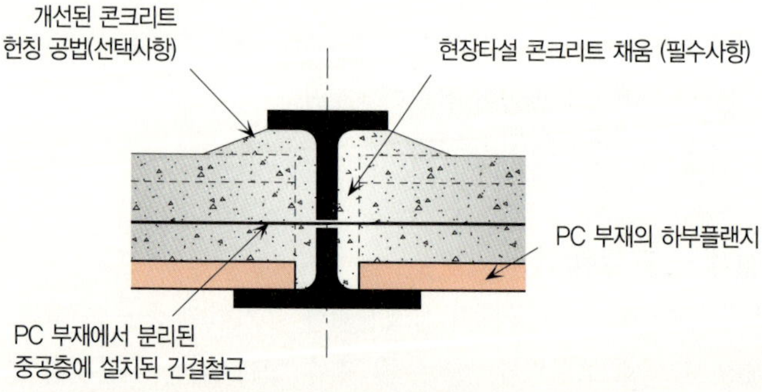

【그림 2.2】 콘크리트 헌치를 포함한 시공유형A (중공 단면)

대한 ASB의 저항능력을 향상시키고, 화재 시 콘크리트에 의한 단열기능의 확보 및 긴결철근의 매립에도 필요하다. 【그림 2.2】에서 보여지는 바와 같이 상부플랜지까지 콘크리트를 타설하여 구축된 헌치는 ASB 단면의 돌출된 압축플랜지 좌굴을 방지한다. 타이 바 보강재는 PC 단위부재의 일정 간격으로 형성된 노출 중공부와 ASB 단면상의 웨브 부분에 형성된 구멍들 사이에 놓이게 되며 (대략 한 PC Unit당 2개씩), 이러한 타이 바는 모든 설계 조건이 요구되는 충분한 '긴결작용'을 제공하는 역할을 한다. 기둥들 사이의 타이 부재는 진동에 저항할 수 있도록 기둥들 사이로 플로어 슬래브의 연속성을 유지할 수 있는 상세를 가져야 한다.

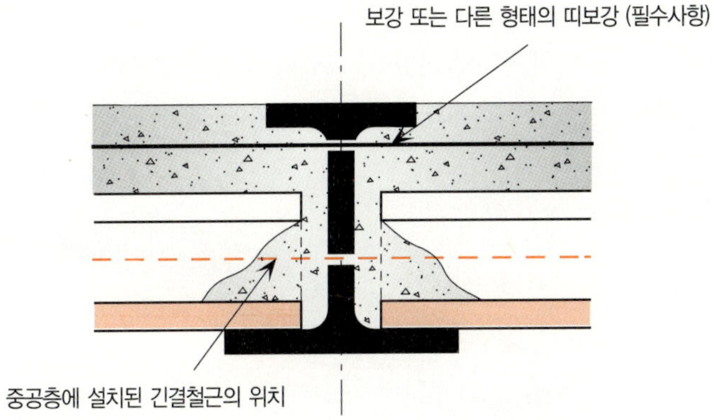

【그림 2.3】 상부플랜지가 노출된 시공유형B (중공 단면)

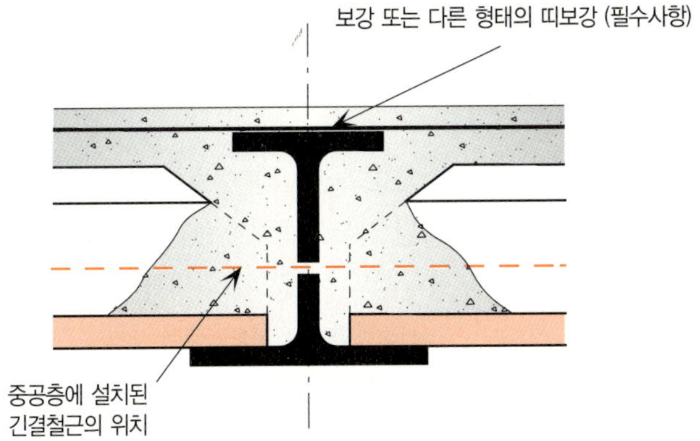

【그림 2.4】 상부플랜지를 콘크리트로 덮은 시공유형B (중공 단면)

시공유형B는 시공유형A와 유사하다. 그러나 PC 단위부재 상부에 콘크리트 토핑이 추가된다. 【그림 2.3】에서 보여지는 바와 같이, 상부플랜지가 노출된 경우와 【그림 2.4】에서와 같이, 상부플랜지 전체가 콘크리트로 뒤덮인 두 가지 종류가 있다. 후자의 경우, ASB 상부에 최소 30mm 이상의 콘크리트 피복이 요구된다. 긴결철근은 토핑 부분이 충분할 경우 ASB 상부플랜지의 위쪽에 놓을 수 있으며, 혹은 ASB 웨브 부분을 통과해서 놓을 수도 있다. 이 보강재는 긴결에 의한 플로어의 구조적 연속성을 확보하게 해주고, 또한 ASB가 어느 정도의 합성거동을 발휘할 수 있도록 한다.(이 부분은 본서의 뒤에서 다루어진다.)

2.2. 비대칭 슬림플로어보

비대칭 슬림플로어보 (ASB)는 상부플랜지보다 하부플랜지가 110mm 더 넓도록 비대칭I형강을 열간 성형한 것이다. 하부플랜지에 대한 상부플랜지 면적의 비율이 약 60%정도이다【그림 2.5】. ASB는 본래 Slimdek 시공상[10] 춤이 큰 데크와 함께 이용하기 위해 개발되었다. 그러나 적정의 설계이론과 기하하적 제한조건이 만족되면 PC 단위부재와 함께 사용될 수도 있다.

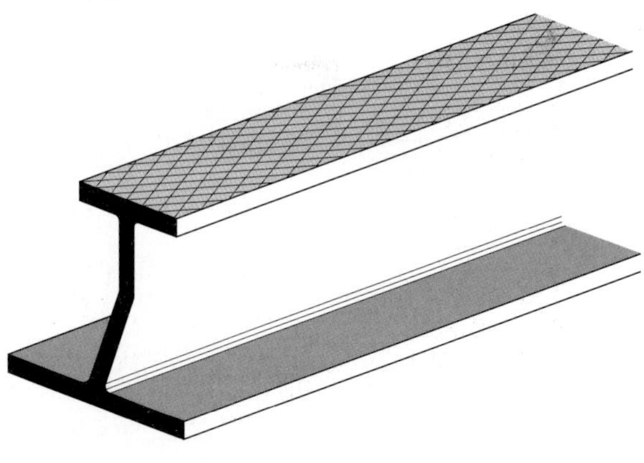

【그림 2.5】 대표적인 비대칭 슬림플로어보

두 가지 유형의 ASB 단면 즉, ASB와 ASB(FE)가 사용 가능하다【그림 2.6】. ASB 단면은 웨브가 얇으며, 노출된 하부플랜지가 30분 정도의 내화 성능을 갖추어야 한다. ASB(FE) 단면은 평상시와 화재시에 최적화된 특성을 나타내기 위해 공학적인 이론에 의거하여 제작되었다. 이 보의 경우, 보의 길이 방향으로 웨브가 연속적으로 콘크리트에 매입되어 있다면, 내화피복을 하지 않아도 60분 이상의 내화성능을 발현할 수 있도록 웨브를 두껍게 만들었다.

ASB 단면의 치수는 【표 2.1】과 【그림 2.7】에 나타냈다. 구조적 성질은 【표 2.2】에 제시하였다.

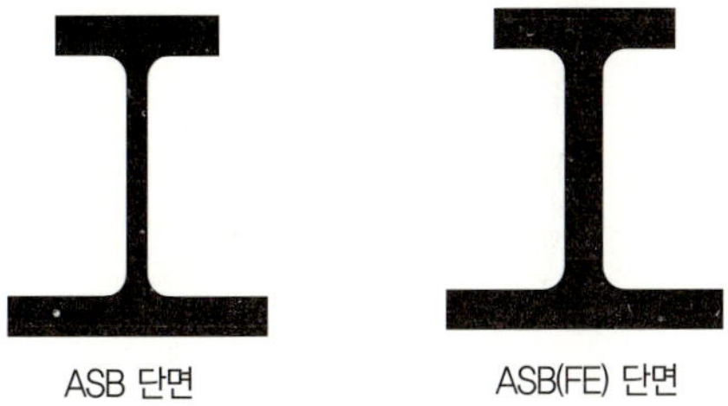

【그림 2.6】 비대칭 슬림플로어보의 유형

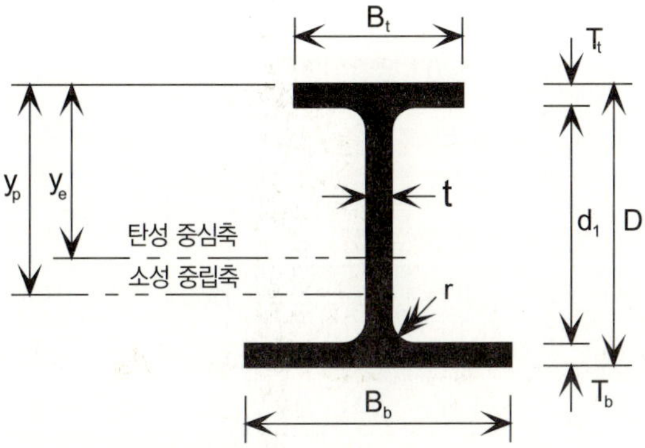

【그림 2.7】【표 2.1】의 ASB 단면 기호

【표 2.1】 ASB 단면 상세

명칭	중량	춤	플랜지 폭		두께		곡률반경	플랜지 사이 거리
			상부	하부	웨브	플랜지		
		D	B_t	B_b	*t*	T_t & T_b	*r*	d_1
	kg/m	mm	mm	mm	mm	mm	mm	mm
300 ASB(FE)249	249	342	203	313	40	40	27	262
300 ASB196	196	342	183	293	20	40	27	262
300 ASB(FE)185	185	320	195	305	32	29	27	262
300 ASB155	155	326	179	289	16	32	27	262
300 ASB(FE)153	153	310	190	300	27	24	27	262
280 ASB(FE)136	136	288	190	300	25	22	24	244
280 ASB124	124	296	178	288	13	26	24	244
280 ASB105	105	288	176	286	11	22	24	244
280 ASB(FE)100	100	276	184	294	19	16	24	244
280 ASB74	73.6	272	175	285	10	14	24	244

Note : ASB(FE)는 내화공학 단면

【표 2.2】 ASB 단면 성질

	중량	단면2차 모멘트		곡율반경		탄성 중심거리	탄성단면계수			소성 중심거리	소성단면계수		좌굴 변수	비틀림 지수	워핑 상수	비틀림 상수	단면
		I_x	I_y	r_x	r_y	y_e	Z_x 상단	Z_x 하단	Z_y	y_p	S_x	S_y	u	x	H	J	A
	kg/m	cm^4	cm^4	cm	cm	cm	cm^3	cm^3	cm^3	cm	cm^3	cm^3	–	–	dm^6	cm^4	cm
300 ASB(FE)249	249	52900	13200	12.9	6.40	19.2	2760	3530	843	22.6	3760	1510	0.82	6.80	2.00	2000	31
300 ASB196	196	45900	10500	13.6	6.48	19.8	2320	3180	714	28.1	3060	1230	0.84	7.86	1.50	1180	24
300 ASB(FE)185	185	35700	8750	12.3	6.10	18.0	1980	2540	574	21.0	2660	1030	0.82	8.56	1.20	871	23
300 ASB155	155	34500	7990	13.2	6.35	18.9	1830	2520	553	27.3	2360	950	0.84	9.40	1.07	620	19
300 ASB(FE)153	153	28400	6840	12.1	5.93	17.4	1630	2090	456	20.4	2160	817	0.82	9.97	0.895	513	19
280 ASB(FE)136	136	22200	6260	11.3	6.00	16.3	1370	1770	417	19.2	1810	741	0.81	10.2	0.710	379	17
280 ASB124	124	23500	6410	12.2	6.37	17.3	1360	1900	445	25.7	1730	761	0.83	10.5	0.721	332	15
280 ASB105	105	19200	5300	12.0	6.30	16.8	1150	1610	370	25.3	1440	633	0.83	12.1	0.574	207	13
280 ASB(FE)100	100	15500	4250	11.0	5.76	15.6	995	1290	289	18.4	1290	511	0.81	13.2	0.451	160	12
280 ASB74	73.6	12200	3330	11.4	5.96	15.7	776	1060	234	21.3	978	403	0.83	16.7	0.338	72	93.

2.3 PC슬래브 유형

강재 보와 함께 사용되는 중공 PC 슬래브의 보편적인 유형은 150~260mm의 춤을 가지고 길이방향으로 연속적인 원형 또는 이와 유사한 모양의 개구부가 형성되어 있는 것들이다【그림2.8】. 본서의 지침은 이런 보편적인 범위 내에 있는 중공 PC 단위부재의 사용에만 적용한다.

중공단위부재는 구조적 측면에서 토핑이 필요하지 않지만, 토핑을 사용하게 되면 일반사용조건과 하중시 모두에 있어 구조성능을 향상시킬 수 있다. 또한 토핑을 도입하면 보다 쉽게 긴결철근을 설치할 수 있으며, 다이아프램 거동과 층의 방음 및 단열 성능을 향상시킬 수 있다는 장점이 있다.

다양한 종류의 PC슬래브가 현재 여러 제작업체에 의해 생산되고 있다. 대부분 PC슬래브는 공장제어 과정을 통해 와이어나 스트랜드로 프리텐션을 가한 후에 고강도 콘크리트를 타설하여 생산된다. 종종 100m가 넘는 연속적인 타설에 의해 생산되기도 한다. 콘크리트를 타설할 때 이용되는 두 가지 방법으로는 슬립성형과 사출성형이 있다. 개개 PC 단위부재의 단부는 제조 과정에서 모따기(chamfer)를 하기도 한다.

콘크리트가 일단 소정의 강도에 이르게 되면 단지 몇 시간 후, 앵커(고정재)로

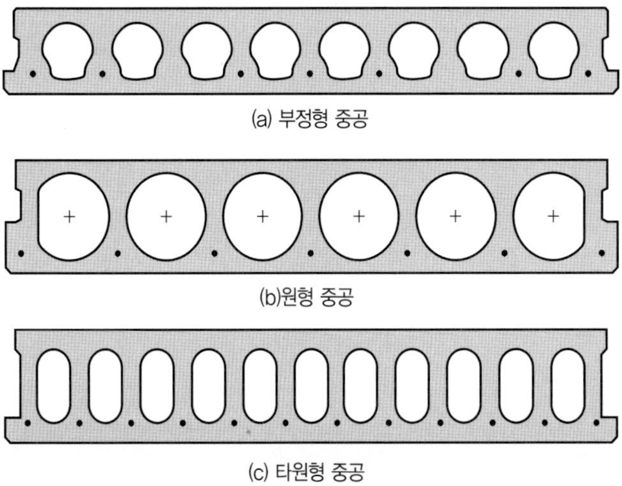

(a) 부정형 중공

(b)원형 중공

(c) 타원형 중공

【그림 2.8】 중공 슬래브의 예

부터 와이어나 스트랜드를 해체한 후, 필요한 길이만큼 절단하면 된다. 프리스트레스로 가해진 힘은 콘크리트 단면에 압축력을 발생시키며, 이는 휨에 대한 저항 능력과 강성을 증진시키는 효과를 가져온다. PC 단위부재의 설계는 매우 복잡하며, 특정분야 응용에 있어서의 상세 설계는 일반적으로 제작자에 의해 이루어진다.

2.4. 재료

ASB 단면에는 BS EN 10025[11]의 S355JR와 강재가 이용되므로, 이 강재들은 모든 건축물 적용에 있어서 요구되는 충분한 연성을 가지고 있다.

콘크리트 강도는 BS 8110-1:1997[7]에 명시되어 있는 정육면체의 강도에 의해 정의 된다. 프리캐스트의 단위부재로써 콘크리트의 강도는 보통 50~60 N/mm²의 범위에 있다. 또한 현장타설콘크리트의 최소공칭 압축강도는 적어도 30 N/mm²이 되어야 하고 최대골재치수는 일반적으로 10mm로 명시되어 있다. (이는 단위부재들 사이의 콘크리트 채움을 쉽게 하기 위함이다).

3. 실무적 검토사항

3.1. 초기 검토사항

상세설계 전에 사용하고자 하는 설계자는 다음의 실무적인 항목들에 대해 비대칭 슬림플로어보와 PC 부재를 검토해야 한다.

- ASB 플랜지에 걸치는 공칭지압길이 및 철골세우기 허용오차
- 중공 PC부재의 기하학적 한계값 및 단부 준비사항
- 직교방향 긴결철근의 배근
- 모서리보 유형 및 상세
- PC 부재 설치시 ASB의 구조안정성

기타 중요한 초기검토사항들은 본서의 후반에 서술되어 있으며 다음과 같다.

- 폭파 등에 대한 강건성
- 면내 풍하중을 전달하는 다이아프램으로 바닥슬래브의 적합성
- 내화성
- ASB-기둥 접합부 상세

3.2. 공칭 지압길이 및 허용오차

공칭지압길이는 다음 사항들을 고려하여 결정한다.

- 현장 적용성
- 현장설치 작업중의 낙하위험성
- 최소지압길이
- 위치 및 길이 허용오차

3.2.1. PC부재의 현장 설치

PC부재의 규정된 길이는 공칭지압길이와 관련 있다. SCI(영국강구조학회)의 연구에 의하면, 1.5~11.0m 사이의 ASB의 간격에 있어서 위치 및 길이 허용오차를 고려하면, 실용적인 공칭지압길이는 80mm이다. 설치의 편의를 위해, 부재의 춤을 충분히 낮추거나, 충분한 단부 노치 또는 홈을 제공하여 ASB 상부플랜

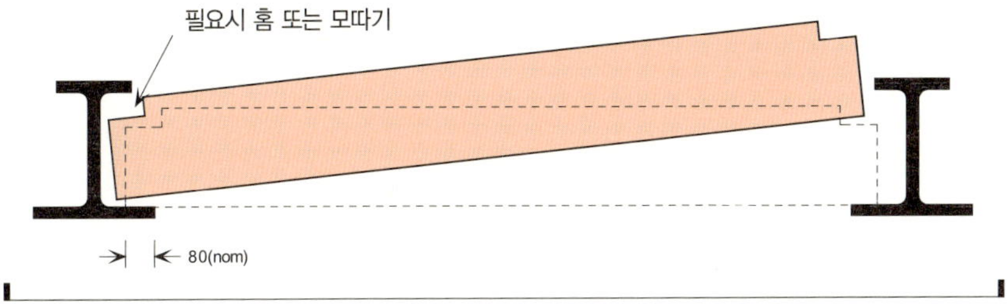

【그림 3.1】 PC 부재 설치

지와의 부딪힘에 따른 파손을 방지하여야 한다(【그림 3.1】 참조). 노치 또는 홈은 3.3절의 기하학적 요구조건을 만족하여야 한다. 부재는 우선 경사지게 설치되어, 한 개의 ASB위에 거치시킨 후 다른 ASB 위로 미끄러뜨려 지압길이를 같게 한다.

3.2.2. PC 부재의 낙하 위험

PC부재는 최종 설치시에 보사이로 미끄러져야 한다. 부재가 설치과정 중에 양중장비에 의해 계속적으로 지지되어야 하므로, 이 단계에서 ASB 사이에 부재들이 낙하할 위험이 없어야 한다. 만약 공칭지압길이가 80mm이면, 아래에 서술된 일반적인 허용오차범위에서 이러한 것이 발생할 위험은 낮다. 모서리보에서 발생될 수 있는 것처럼, PC부재가 일단에서는 ASB지지되어 있고, 타단에서는 일반 철골보 위에 있을 경우에는 특별한 주의가 필요하다. 다시 말하면, ASB 및 일반 철골보 지지부에서는 최소한 80mm 공칭지압 길이를 추천한다.

3.2.3. 최소지압길이

일단 PC부재가 최종위치에 설치되면, 현장에서 계측된 실제 걸침길이는 BS 8110-1[7]의 권장값인 40mm이상이어야 한다. PC을 포함하는 ASB의 단면설계에 공칭값 80mm대신 ASB단면에 더 많은 비틀림을 고려하여 보수적인 설계가 되도록 이 값을(40mm) 사용한다.

3.2.4. 허용오차

ASB와 PC부재의 상대적인 위치에 영향을 주는 허용오차는 다음과 같다.

- 설치된 철골부재의 허용오차
- PC부재 길이의 허용오차
- PC부재 거치시의 허용오차

이러한 허용오차의 전체적인 검토사항에 대해서는 SCI 도서 P287[1]에 제시되어 있지만, 본서에서 제시하는 값들은 다음과 같다.

철골부재의 치수(보와 보 사이)	± 10mm
PC부재 길이	± 12mm (길이 6m 미만)
	± 18mm (길이 6m 이상)
PC부재 위치	± 10mm (길이 6m 미만)
	± 15mm (길이 6m 이상)

3.3. 중공 PC부재 형상 제한사항

PC부재의 직각단부는 정사각형, 노치 또는 홈이 있는 형상이다. 이 부재들이 설치될 경우, 상부플랜지 끝과 PC부재의 최인접단 사이의 순간격은 60mm이어야 한다. 이것은 ASB 주위에 PC부재의 배치, 철근배근, 현장타설콘크리트 충전이 가능하게 하기 위함이다. 사용 가능한 단부형상은 【그림 3.2】와 【그림 3.3】과 같으며, 여기서 d_{HC}는 PC부재의 전체 춤을 나타낸다.

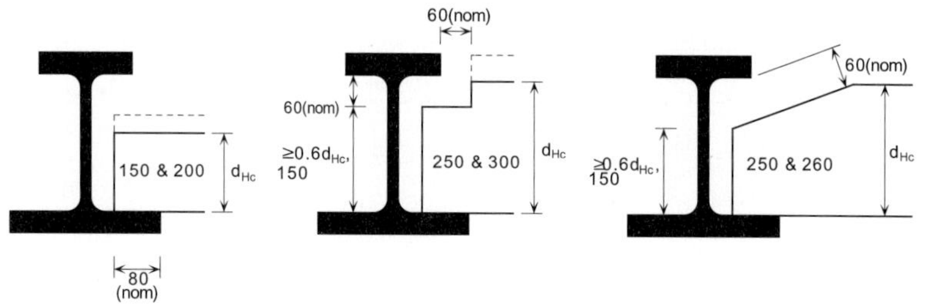

【그림 3.2】 280ASB단면과 PC부재 단부상세

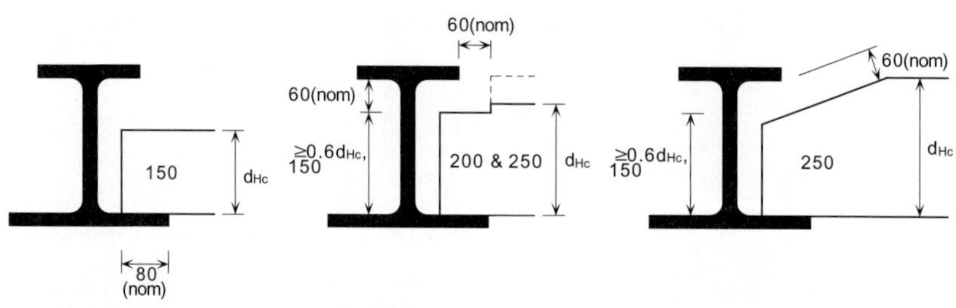

【그림 3.3】 300ASB 단면과 PC부재 단부상세

3.4. 중공부재 단부의 공장 준비사항

3.4.1. 직각 단부 부재

직각 단부 부재에 대해서는 공장에서 별도의 준비가 필요하지 않다. 톱으로 절단한 단부의 사용이 가능하다.

3.4.2. 홈 또는 노치 단부 부재

중공부재의 단부는 ASB 상부플랜지로부터 소요 순간격을 확보하기 위해 홈 또는 노치를 설치할 수 있으며 일반적으로 공장제작에 의해 만들어진다.

수평길이 235mm에 걸쳐, 슬래브 상부에서부터 최대 85mm를 제거하는 홈이 일반적이다. 테이퍼 또는 노치 설치는 지점에서 남은 슬래브의 춤이 현장타설 토핑에 의한 중량을 포함한 시공단계에 발생되는 수직전단력에 충분히 저항할 수 있도록 너무 얇지 않게 제한되어야 한다. 이러한 이유로 지점에서 부재의 홈 및 노치는 전체 춤의 60% 를 초과해서는 안된다.

3.5. 관통연결 철근 배치

관통연결철근이 중공부재 춤내에 설치되도록 상세설계하며, 규정된 코어들(일반적으로 부재당 최대 4개)의 상부는 이것이 가능하도록 상부가 개방되어야 한다. 이러한 상부개방작업은 제작시 수행한다.

인접한 2개 코어사이에는 홈이 설치된 리브의 일체성을 확보하기 어려우므로, 상부개방을 피해야 한다. 비슷한 이유로 외부 코어는 개방하지 않도록 한다.

각각의 개방된 코어의 후방 공극은 제작시 콘크리트로 메운다. 다른 코어들은 일반적으로 폴리스틸렌 마개로 막는다. 얇고 단부에 홈이 있는 부재들에 대해서, 다른 코어의 단부들은 단부에 홈을 만들 때 콘크리트로 막는다.

부재의 배치는 개방된 코어들이 합리적으로 배치되도록 설계하여, 관통철근의 정확한 배치가 가능하도록 한다.

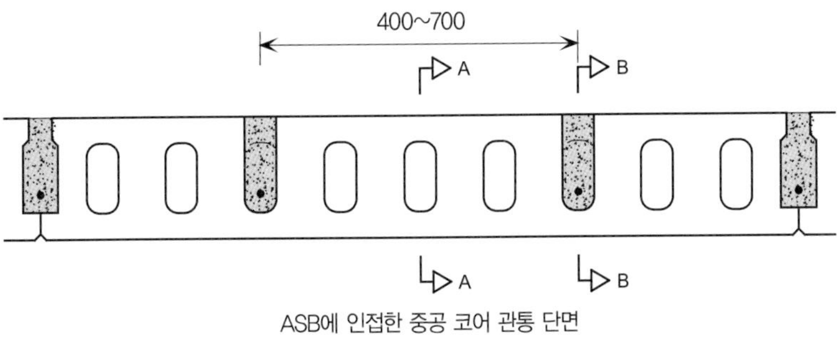

ASB에 인접한 중공 코어 관통 단면

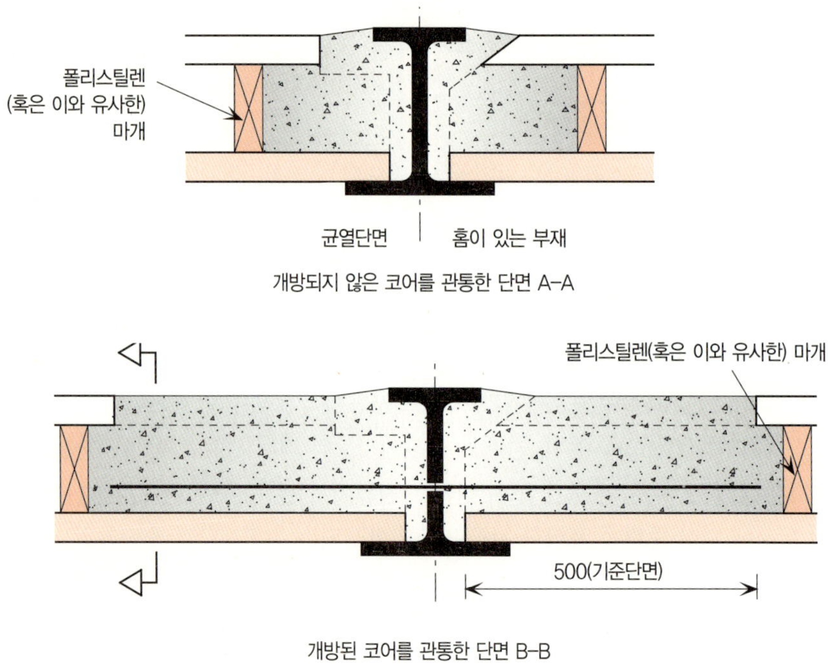

【그림 3.4】 중공코어 단부 관통 단면

배근 상세는 【그림 3.4】와 같지만, 6.6절의 내화요건도 참조하도록 한다. 시공유형B의 사용성 계산에 사용되는 합성거동 확보를 위한 최소철근상세는 4.3절에 서술되어 있다.

3.6. 모서리보

모서리보는 다음 이유로 특별검토가 필요하다.

- 모서리보는 일반적으로 건물 외곽부의 타이로 작용하여야 한다.
- 모서리보는 종종 다이아프램 응력을 기둥으로 전달한다.
- 외장재 설치에 의해 편심하중이 작용할 수 있다.
- 처짐한계는 종종 내부보에 비해서 엄격하다.

모서리보로 ASB단면, RHS 슬림플로어보단면(RHSFB), 슬림플로어 페브리케이트보 또는 건축설계상 문제가 없다면 일반 철골 단면 등이 사용될 수 있다. 그러나, 이러한 경우, 모서리보가 외곽부 타이 역할을 하고 다이아프램 면내응력을 전달할 수 있도록 충분한 긴결이 이루어져야 한다. 구조강건성 및 다이아프램을 확보하기 위한 긴결(tying) 관련 사항들은 4.10절에서 논의한다.

전형적인 모서리보의 긴결상세는 【그림 3.5】 및 【그림 3.6】과 같다. 철골단면

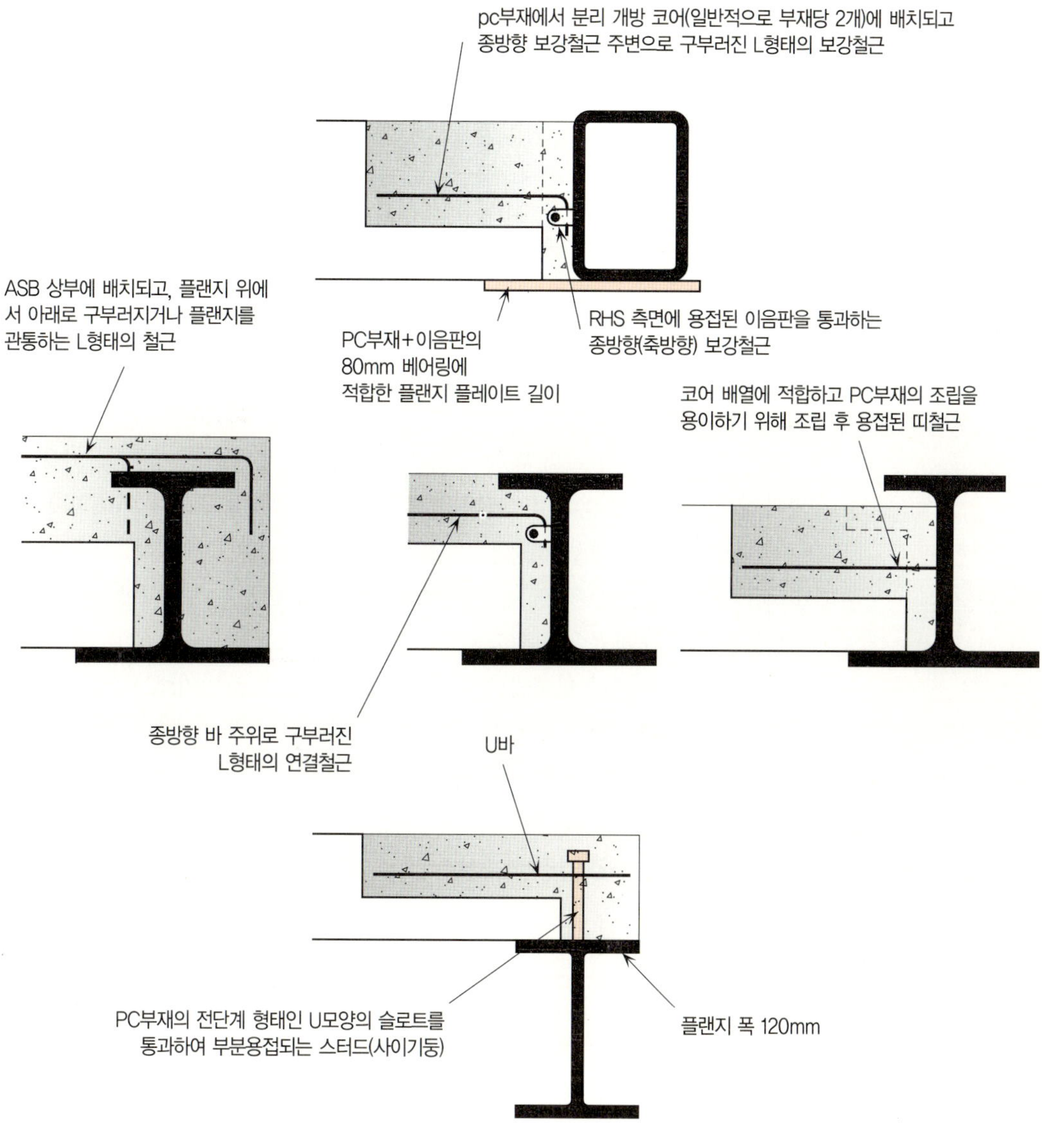

【그림 3.5】 PC부재가 모서리보와 직각일 경우 모서리보 접합 상세

의 측면에 용접한 이음판(lug)에 긴결할 경우, PC부재를 설치하기 위한 공간이 적정함을 확인해야 한다. RHSFB단면이 사용될 경우에는 더 넓은 플랜지 플레이트가 필요할 수 있고, 비틀림 모멘트 · 팔(torsional lever arm)의 길이는 증가된 값을 계산에 사용한다.

RHSFB단면과 일반 철골(downstand)보는 합성으로 설계될 수 있으며, 이 경우 최소 관통철근 및 전단연결재 설치크기와 관련된 조항을 준수해야 한다. 이것에 대한 지침은 SCI 도서 P287[1] 및 BS 5950-3 3.1[12]절에 기술되어 있다.

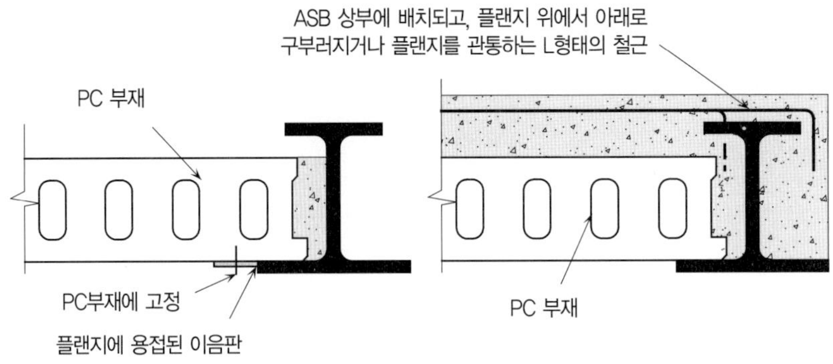

【그림 3.6】 PC부재가 모서리보와 평행일 경우 모서리보 접합 상세

모서리보에 작용하는 PC부재와 외장재의 하중은 종종 시공단계 및 사용단계에서 보와 접합부에 순수 비틀림응력을 유발한다. 외장재 하중에 의해 일반적으로 바닥으로부터 비틀림 하중은 저감되지만 전체하중은 증가한다. 외장재는 일반적으로 콘크리트 토핑 또는 PC부재 보다는 철골보에 부착되어야 한다. 보와 접합부는 이러한 효과에 대해 검토되어야 한다.

기둥 중심선에 대한 모서리보의 상대적 위치는 외장재 지지대 설치를 위해 안쪽으로 옵셋되어야 한다. 접합부 상세는 기둥단면의 선택에 영향을 줄 수 있으므로 초기단계에서부터 고려되어야 한다.

3.7. 시공시 구조안정성 확보

설계자는 바닥부재 설치시 및 콘크리트 토핑 타설시 철골보의 안전성 확보에 유의해야 한다. 과도한 크레인의 재설치를 피하기 위해 통상 베이(bay)내에서 세우기 작업이 진행되는 바닥설치 과정에서 특히 주의를 요한다. 특별한 설치순서 및 임시 지지가 필요하면, 공사시방서 및 도면에 명기하여야 한다.

보들은 시공단계에서 비틀림 및 휨의 조합하중에서 횡비틀림좌굴에 저항하도록 설계되기 때문에 가설지지는 대부분의 경우에는 필요하지 않다. 그러나 시공유형B의 경우, 설계자는 PC 부재와 콘크리트 토핑이 ASB의 한면에만 설치되고, 다른면에서는 PC 부재가 없을 경우에 ASB에 심각한 비틀림이 발생되므로 이러한 상황은 피하도록 하여야 한다. 예를 들어 크레인 설치를 위해 부재들이 일시적으로 남겨질 때와 같이 피할 수 없는 경우에는 보를 모서리보로 검토하거나 적정한 구속이나 지지대를 설치한다. 일반 철골보(downstand beam)가 사용되고, PC부재가 상부플랜지의 전체 폭에 의해 지지되지 않을 경우는 시공시 이러한 보들에 구속이 필요하다. 일반 철골보의 임시구속에 대한 지침은 SCI도서 P287[1]을 참조하라.

4. 비대칭 슬림플로어보와 단부접합부 설계

PC슬래브와 조합된 ASB단면의 성능에 대한 실험자료가 부족하므로, 극한설계내력은 ASB순철골단면만 고려하여 구한다. 그러나, 적정한 콘크리트 피복 및 관통철근, 메쉬가 제공되면(이것은 강건성 요구조건에 의해 일반적으로 필요하다) 보들은 사용성 검토시에 합성으로 설계될 수 있다.

보의 설계에는 시공단계, 사용단계, 극한 및 사용성 한계상태가 검토되어야 한다. 각각의 단계에서 ASB는 비틀림과 휨을 받을 수 있다. 불균등한 PC부재 스팬은 큰 비틀림을 발생시킬 수 있다.

내부보에 대한 설계하중조건은 아래 절에서 상세히 설명된다. 모서리보 또는 PC부재 스팬 방향이 한면은 ASB에 직각으로 그리고 다른 면은 수평으로 변하는 보들의 하중조건은 아래에서 설명하는 상황과는 다른 경우로써 비틀림응력이 지배적일 수 있다.

2개의 상세한 설계예제가 부록 A, B에 제시되어 있다.

4.1. 시공단계

ASB단면들은 시공유형A(콘크리트 토핑 없음) 또는 시공유형B(토핑 있음)에 따라 달리 설계된다. (【그림 2.1】~【그림 2.4】 참조). 【그림 4.1】 및 【그림4.2】에서와 같이 시공유형A의 내부보에서는 3가지 경우가, 시공유형B에서는 5가지 경우가 고려된다. 좌우 PC부재 스팬이 다른 경우, 긴 쪽이 그림의 왼쪽에 놓인 것으로 가정한다. 만일 경제성이 있는 것으로 판단되면, 일반 사용조건에서 ASB의 횡비틀림좌굴을 구속하는데 콘크리트 헌치부를 둘 수도 있다.

고정하중은 변동이 크지 않으므로 ASB의 각 측에 작용하는 고정하중에 대한 서로 다른 부분안전계수를 사용하여 비틀림하중을 증가시킬 필요는 없다.

4.1.1. 시공유형A 하중조건

시공유형A의 세우기 과정은 【그림 4.1】과 같이 다음의 설계조건들이 고려된다.

(i) 한 쪽에만 PC부재와 시공하중 작용

(ii) 양 쪽에 PC부재가 놓여지고 한쪽에만 시공하중 작용

(iii) 양 쪽에 PC부재와 시공하중 작용

(ii)의 경우 PC부재의 양쪽 스팬길이가 같으면 위험조건이 되지 않는다.

주요 설계 검토는 다음사항에 대해서 수행한다.

〉〉〉 (i)및 (ii)의 경우
- 횡비틀림좌굴(LTB) ~ 휨 및 비틀림
- 국부내력 ~ 휨 및 비틀림
- 비틀림 ~ 상부플랜지의 수평변위(SLS검토)

〉〉〉 (iii)의 경우
- 횡비틀림좌굴 및 휨

※ PC부재의 양쪽 스팬길이가 다르면 비틀림을 고려하여 국부내력을 검토한다.

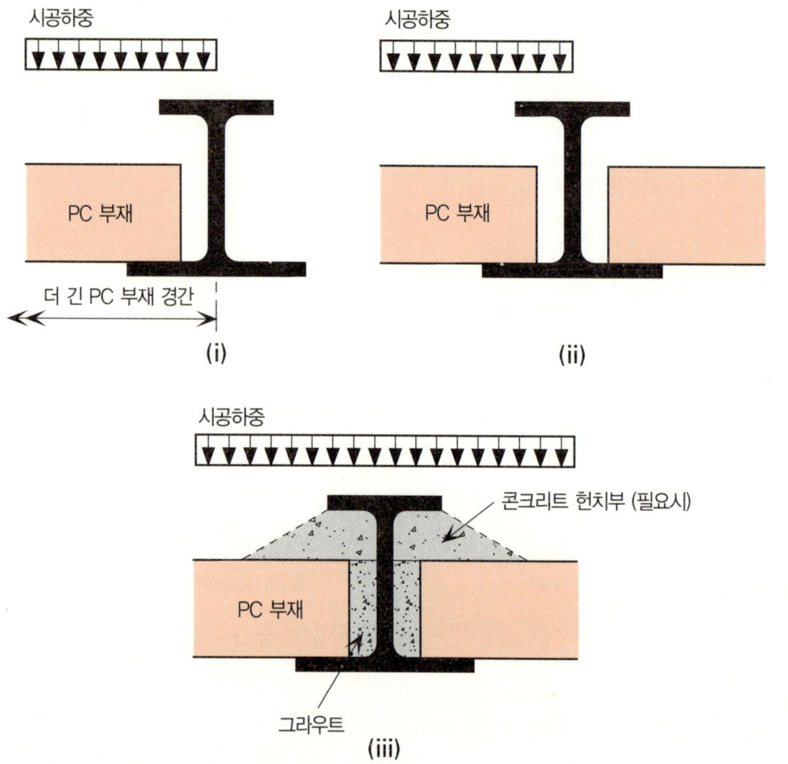

【그림 4.1】 시공단계에서 시공유형A의 설계하중조건

4.1.2. 시공유형B의 하중조건

시공유형B의 세우기 과정은 【그림 4.2】와 같이 다음의 설계조건들을 고려한다.

(i) 한 쪽에만 PC부재 및 시공하중 작용

(ii) 양쪽에 PC부재 및 한 쪽에 콘크리트 토핑 및 시공하중 작용

(iii) 양쪽에 PC부재와 콘크리트 토핑 하중 그리고 한 쪽에 시공하중(이 경우는 PC부재스팬이 많이 다를 경우에 발생된다.) 작용

(iv) 양쪽에 PC부재, 콘크리트 토핑, 시공하중 작용

(v) 한 쪽에만 PC부재, 콘크리트 토핑, 시공하중 작용

(v)의 경우는 철골단면에서 매우 부담이 되는 경우로써, 현장에서 적정한 감리 및 시방서에 의해 잘 피해갈 수 있다. 현장에서 이런 상황을 적절히 해결할 수 있다면, 이 경우는 설계검토에서 삭제할 수 있다.

주요 설계 검토는 다음 사항에 대해서 수행한다.

〉〉〉 (i), (ii), (iii) 및 (v)의 경우
- 좌굴(LTB) ~ 휨 및 비틀림
- 국부내력 ~ 휨 및 비틀림
- 비틀림 ~ 상부플랜지의 수평변위 (SLS검토)

〉〉〉 (iv)의 경우
- 횡비틀림좌굴 (LTB) ~ 휨

※ 부재의 양쪽 스팬길이가 다르면 비틀림을 고려하여 국부내력을 검토한다.

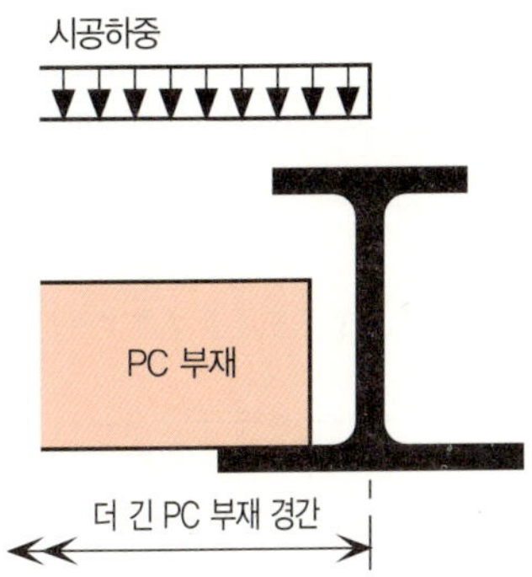

(i)

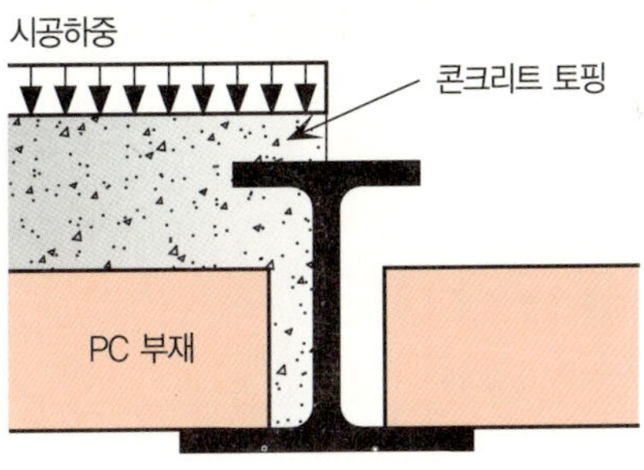

(ii)

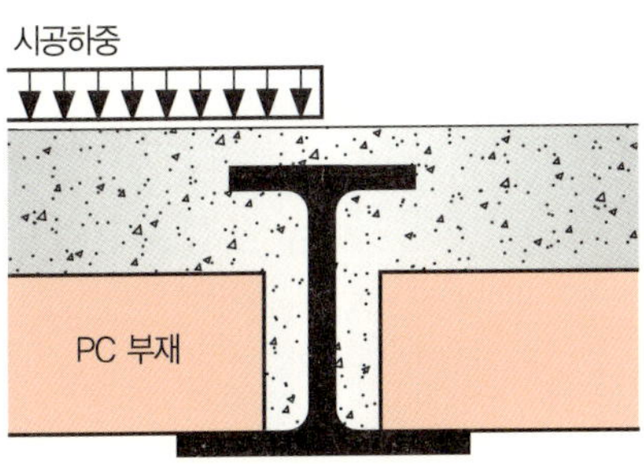

(iii)

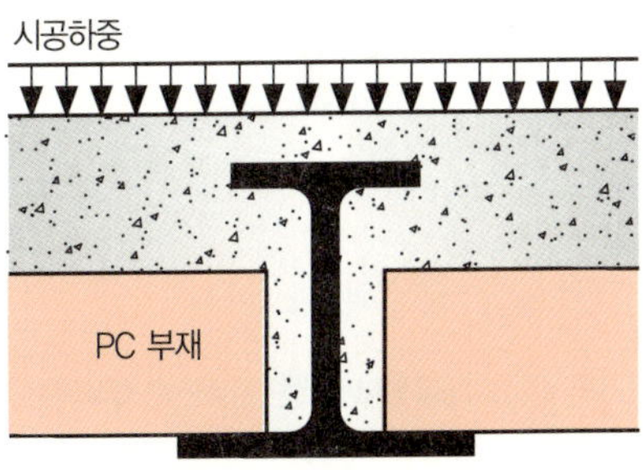

(iv)

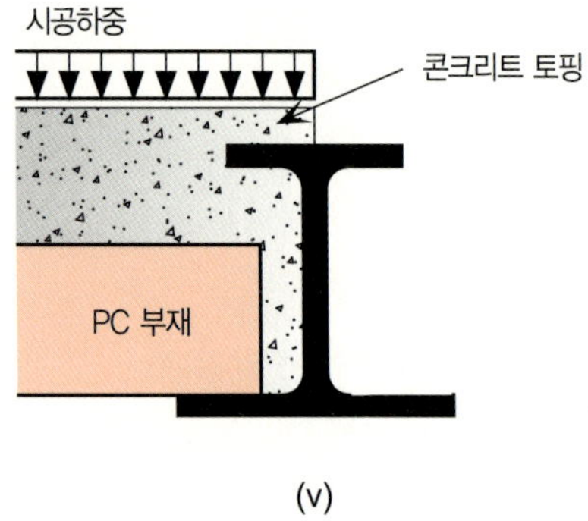

【그림 4.2】 시공유형B에 대한 시공단계 설계하중조건

4.2. 일반 사용하중 단계

시공단계에서 ASB는 시공유형A 및 B에 따라 설계된다. 부분 적재하중 및 균등 적재하중 등 2개의 하중조건이 각각에 대해서 고려된다. 적정한 매립춤이 확보되면(4.4절 참조), 두 경우 모두의 시공유형에 대해서 횡 및 비틀림을 완전히 구속할 수 있다. 시공유형B에 대해 적정한 매립조건(4.3절 참조)이 제공되면 합성작용이 가능하다.

4.2.1. 시공유형A의 하중조건

시공유형A에 대한 일반 사용하중 단계에서의 설계하중조건은 다음과 같다.

(i) 양쪽 PC부재 및 부가고정하중과 한쪽 부분적재하중 작용

(ii) 양쪽 PC부재, 부가고정하중(superimposed dead load) 및 적재하중이 작용

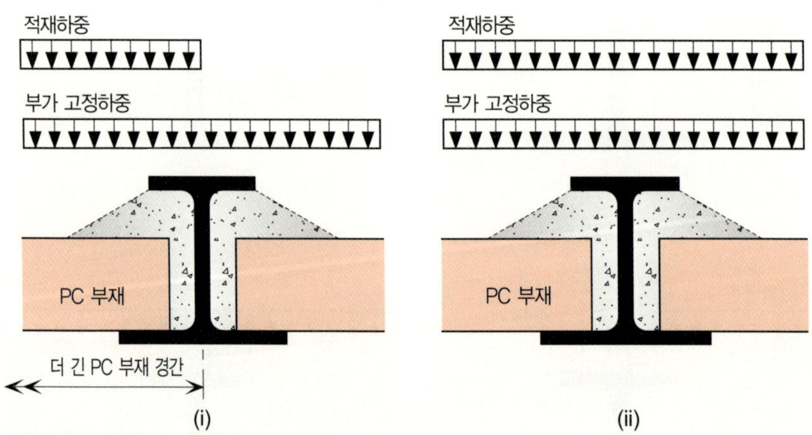

【그림 4.3】 시공유형A에 대한 완료단계 설계하중조건

주요 설계 검토사항은 다음과 같다.

〉〉〉 (i)의 경우

- 좌굴 (LTB) ~ 휨 및 비틀림 (충분한 구속이 가능하면, 이 사항은 적용하지 않는다 : 4.4절 참조)
- 국부 내력 ~ 휨 및 비틀림

〉〉〉 (ii)의 경우

- 횡좌굴 (LTB) ~ 단부 (충분한 구속이 가능하면, 이 사항은 적용하지 않는다. : 4.4절 참조)
- 전단 내력 검토 ~ ASB, PC부재
- 휨내력
- 내화성능
- 동적반응 (사용하중시)
- 처짐 (사용하중시)
- 영구변형 응력 검토 (사용하중시)

※ PC부재의 양쪽 스팬 길이가 다르면 비틀림을 고려하여 국부내력을 검토한다. 이것은 소성수준의 검토이므로, 탄성특성에 의한 국부내력검토보다 항상 유리하므로 휨내력 검토는 고려하지 않는다.

4.2.2. 시공유형B의 하중조건

시공유형B의 완료단계 설계하중조건은 다음과 같다.

(i) PC부재, 토핑, 부가고정하중이 양쪽에 작용하고 한쪽에만 적재하중 작용

(ii) 양쪽 모두에 PC부재, 토핑, 부가고정하중, 적재하중이 작용

주요설계검토사항은 다음과 같다.

〉〉〉 (i)의 경우

- 국부내력 ~ 휨 및 비틀림

〉〉〉 (ii)의 경우

- 휨내력 ~ ASB 전단내력 검토
- 휨내력 ~ ASB, PC부재
- 내화성능
- 사용하중시 동적반응

– 사용하중시 처짐
– 사용하중시 영구변형 (응력 검토)

※ PC부재의 양쪽 스팬길이가 다르면 비틀림을 고려하여 국부내력을 검토한다. 이것은 소성적 검토이며, 탄성특성에 의한 국부내력검토보다 항상 위험하지 않으므로 휨내력검토는 삭제한다.

ASB 바닥의 연속성이 유지되면, (ii)의 경우 보에 의한 비틀림을 포함하지 않는다. 이를 위해, 바닥은 철근콘크리트 슬래브로 설계되어야 하며, 부모멘트에 저항하기 위해 적절한 인장철근이 배근되어야 한다.

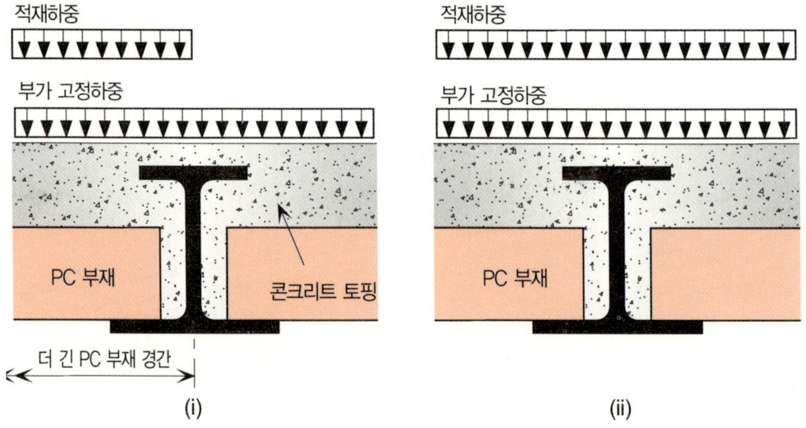

【그림 4.4】 시공유형B에서 완료단계 설계하중 조건

4.3. 부분합성거동 확보를 위한 요구조건

불충분한 콘크리트 매립 때문에 시공유형A 및 모서리보에는 비합성거동이 가정된다. 이러한 시공유형에 대한 실험자료가 불충분하기 때문에, 일반조건에서 극한내력계산에 있어서 합성거동은 발생하지 않는 것으로 가정한다. 그러나, PC부재가 ASB에 직각이고, 단면 주위에 충분한 콘크리트 매립이 가능하면, 시공유형B의 내부보에 대해 사용성 계산에서는 낮은 수준의 합성거동을 가정하는 것이 합리적이다.

가정된 합성거동에 필요한 최소매입조건은 【그림 4.5】와 같다. 상부플랜지 콘크리트 피복두께는 최소 30mm이어야 하며, PC 부재 상부 최소 토핑두께는 50mm를 권장한다. 횡방향철근의 경우 메쉬(최소 A142) 및 연결철근(최소중심간격 D10@700)이 또한 사용되어야 한다.(이 철근은 구조 강건성 확보를 위해서

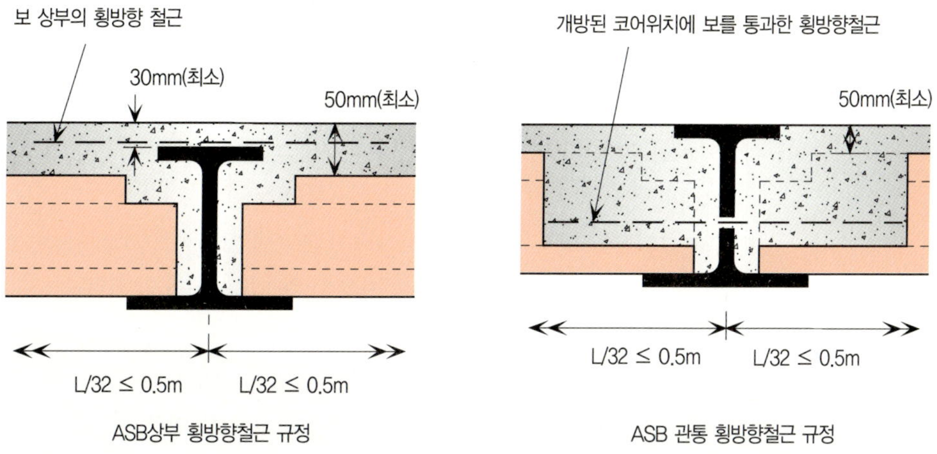

【그림 4.5】 사용한계상태에서 시공유형B의 합성거동 확보를 위한 유효폭가정 및 치수 제한값

도 필요한 것이다) PC부재의 두께는 ASB주위의 부착응력을 확보하기 위해 ASB 두께보다 크지 않도록 권장한다. 3.3절에서 서술된 콘크리트의 충전을 위해 최소 60mm의 공간이 제공되어야 한다.

보수적인 설계가 되도록 가정된 유효폭은 춤이 깊은 데크를 사용하는 ASB의 경우에 비해 절반으로 한다.(즉 스팬/32, ASB의 각 면에 0.5m 이하)

전술한 안전측을 고려하면, PC부재가 ASB에 직각일 경우 합성 부재의 강성 계산에 코어의 존재를 무시하는 것이 합리적이다. PC부재가 ASB와 평행일 경우, 또는 한 면만 평행 (다른 면은 직각)일 경우, 비합성거동으로 가정하는 것이 바람직하다.

4.4. 압축플랜지의 안정성 확보

PC부재가 보의 하부(인장)플랜지 위에 놓이는 상태에서, 압축플랜지에는 횡구속이 전혀 제공되지 않으므로 횡비틀림좌굴을 반드시 검토하여야 한다. PC부재

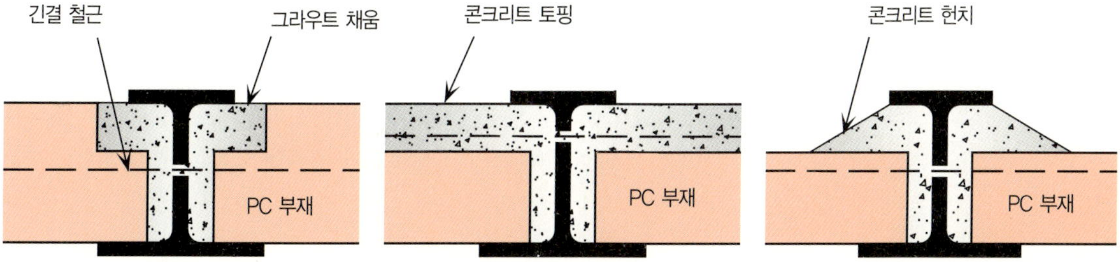

【그림 4.6】 휨비틀림좌굴 및 횡뒤틀림 좌굴 방지 구속조건

와 하부플랜지 사이의 마찰은 인장플랜지에 일정부분의 횡구속을 제공하지만, 본서에서는 무시한다. ASB단면이 상부(압축)플랜지에 그라우팅, 콘크리트 토핑 및 콘크리트 헌치에 의해 완전히 매립되면, 횡방향으로 좌굴될 수 없으며, 좌굴에 대해 완전히 구속된 것으로 가정한다. 필요한 구속상세는 【그림 4.6】을 참조한다.

충전그라우트 및 토핑에 의해 보단면이 웨브의 일부까지만 부분적으로 매립되었을 경우에도 충분히 큰 횡구속이 작용할 수 있다. 이것은 매립된 단면 부분의 비틀림 및 횡변형이 구속되기 때문이다. 그라우팅된 부재는 바닥평면상에서 단단한 다이아프램으로 작용할 수 있으므로, 바닥 강도가 충분하다면, 횡구속에 필요한 반력을 제공할 수 있다. 그러나 돌출된 웨브 및 압축플랜지는 비틀리거나 횡좌굴될 수 있으므로, 【그림 4.7】에서와 같이 단면이 뒤틀릴 수 있다. 이와 같은 좌굴을 횡뒤틀림좌굴이라 하며, 돌출된 단면은 이 가능성에 대해 검토되어야 한다. 아니면 횡지지 되지 않은 보로써 설계해야 한다.

부분매립시 설계자는 횡구속이 없는 것으로 가정하고 횡비틀림좌굴에 대해 설계하거나, 횡뒤틀림좌굴에 대해 설계하고 구속조건이 적절함을 확인하는 방법을 선택할 수 있다.

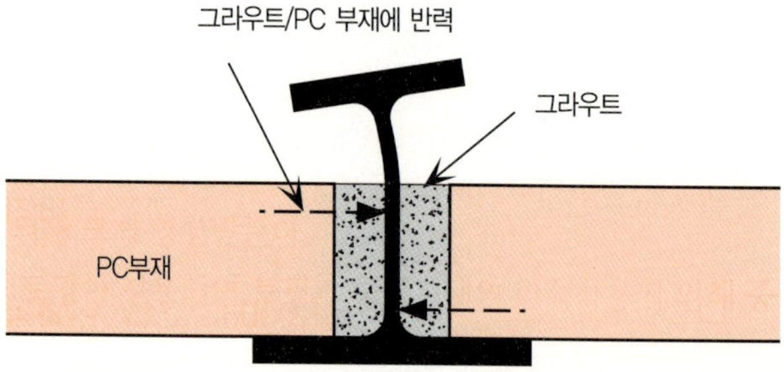

【그림 4.7】 단면의 횡뒤틀림 좌굴

횡뒤틀림좌굴에 대한 단면의 위험성은 주어진 비구속길이에 대해 탄성좌굴모멘트를 계산함으로 해석할 수 있다. 이것은 BS 5950에 사용될 수 있는 등가세장비 λ_{LT}을 활용한 식으로 표현된다. 원래 횡뒤틀림해석법은 대칭 I단면[13]에 대해 개발된 것이지만 SCI의 최근 연구를 통하여 비대칭 단면에도 적용할 수 있도록 확장되었다. 이 방법은 아래에 간단히 설명되어 있으며 부록 C에 상세하게 서술되어 있다.

전체 비구속길이에 걸쳐, 횡비틀림 좌굴에서는 보가 항상 단일 반파장 좌굴을 나타내는 반면, 횡뒤틀림좌굴은 비구속길이에 걸쳐, 여러 개의 반파장 좌굴형상의 중첩으로 나타난다. 주어진 단면에서 최소에너지해법을 적용해 얻어진 반파장 좌굴길이를 탄성임계좌굴길이라 하는데 이 길이는 조건에 따라 비지지 길이보다 길거나 짧을 수 있다. 횡뒤틀림좌굴을 받는 비대칭단면의 탄성임계좌굴길이는 단일반파장 좌굴에 의해 다음과 같이 구한다.

$$L_{cr} = 3.74\left\{2 \times I_{yc}\left(\frac{D}{t}\right)^3\right\}^{0.25}$$

여기에서

- I_{yc} : 강축에 대한 상부플랜지의 단면 2차모멘트
- D : 단면의 춤
- t : 웨브 두께

비구속길이가 이 값과 같을 경우, 좌굴내력은 최소 탄성임계좌굴모멘트와 같다. 비구속길이가 이 값보다 작을 경우, 탄성좌굴모멘트는 길이가 감소함에 따라 급격히 증가한다. 비구속길이가 이 값보다 클 경우, 해석은 다시 탄성좌굴모멘트가 증가함을 보여 주지만, 전통적인 좌굴이론으로는 동일한 최소좌굴모멘트에서 다양한 좌굴길이를 갖는 좌굴파형이 발생 가능하다. 따라서 보수적인 설계가 되도록 본서에서는 탄성임계좌굴길이와 같은 비구속길이에 대한 좌굴내력을 설계에 사용한다.

I 단면의 횡뒤틀림좌굴의 주요변수는 다음과 같다.

$$\left(\frac{D}{t}\right)^{0.75}$$

현재의 ASB단면 범위에서는 임계좌굴길이 L_{cr}는 다음 범위에서 변한다.

mm단위로 표현하면 $\left(\frac{D}{t}\right)^{0.75}$의 222~323배

이를 한계좌굴길이로 환산하면 1.5m에서 2.7m가 되므로 일반적인 보의 스팬이내에 충분히 속한다. 한계좌굴길이에서 등가세장비 λ_{LT}는 다음의 범위이다.

$\left(\frac{D}{t}\right)^{0.75}$의 3.3~3.8배

즉, 등가세장비 λ_{LT}는 20에서 40의 범위에 있다. BS 5950-1[4]의 S355급 단면

의 한계세장비(λ_{L0})는 약 30이다. 그러므로, λ_{LT}<30인 단면에 대해서 완전소성내력으로부터 휨내력에 대해 감소가 전혀 없으며, 30<λ_{LT}≤40인 ASB단면에 대해서 휨내력에 대해 미소한 저감(< 8%)이 발생할 수 있다. 그러나 본 구법형식의 횡뒤틀림좌굴에 대한 구속을 제공하기 위해서는 웨브 비지지부의 춤이 상당히 작게 되므로, 완전소성내력에 도달하기 전에 횡뒤틀림좌굴이 발생할 가능성은 현재의 ASB단면 범위에서는 바닥으로부터의 구속이 적정하다면 무시할 만한 정도이다.

바닥의 적정성은 필요한 구속력을 제공할 수 있는가로 검토된다. PC 부재의 두께(d_{HC})가 플랜지사이 춤(d_1)의 절반보다 크면, PC부재 상부위치에서 바닥의 저항력은 보의 스팬에 걸쳐 있는【그림 4.8】 압축플랜지 압축력의 5%를 지지하는 것으로 볼 수 있다.

실무적인 이유에서 이러한 구속은 중공부재의 춤이 최소 $0.5d_1$(【그림 4.8】참조)일 때에만 설계에 활용토록 한다. 이것은 춤 150~260mm PC 부재에서는 항상 적용될 수 있음을 의미한다.

4.5. ASB회전 제한

ASB단면의 시공단계 및 (아마도) 완공단계에서 다양한 하중, 외장재 및 상이한 PC부재 스팬에 의해 회전할 가능성이 있다. 모서리보는 상당한 비틀림을 받게 된다. 회전을 어느정도 허용할 것인가 하는 문제는 설계자가 구조적 거동에 문제가 없고, 마감재가 손상되지 않는 범위에서 시공유형의 속성을 고려하여 판단할 문제이다.

시공조건에서 보의 길이에 따라 변하는 회전 변형은 일종의 치수불완전으로 간주할 수 있는데, 통상 플랜지의 횡변위는 스팬 길이의 1/500로 제한한다. 아울러 설계자는 일반 사용상태에서도 횡변위로 인한 문제가 없도록 검토해야 한다.(예를 들어, 아뜨리움의 보에 직접 부착되는 핸드레일에서 이 문제는 중요하다.)

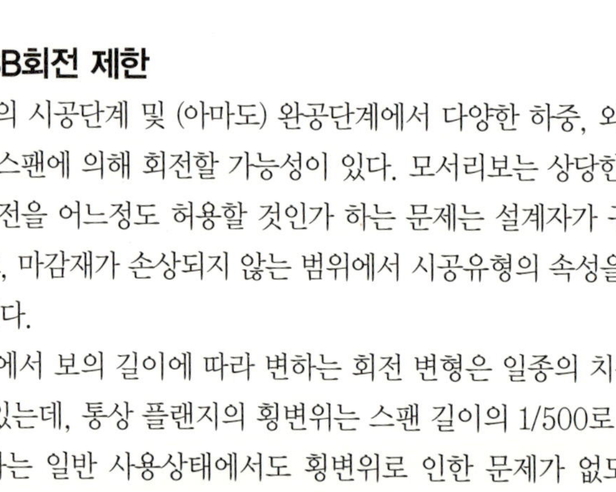

【그림 4.8】 횡뒤틀림좌굴 방지 치수 제한

4.6. 하부플랜지와 웨브의 국부 연직휨

하부플랜지의 연직휨은 【그림 4.9】에서와 같이 하부플랜지가 수평방향의 2개의 대칭 캔틸레버로 작용하기 때문에 발생된다. 이 효과는 길이방향의 휨 및 비틀림과 상존한다.

슬림 바닥구조에서, 하중은 항상 PC 부재를 통하여 직접 작용하는 것으로 가정하는 것이 보수적이다. 이 경우 하중작용점은 하부플랜지 위에 PC 부재의 지압 면적 중심이 된다. 이 점에서 웨브까지의 모멘트팔(즉 편심거리)이 국부휨모멘트를 일으키며, 이 모멘트는 선형으로 증가하여 웨브의 중심에서 최대가 된다.

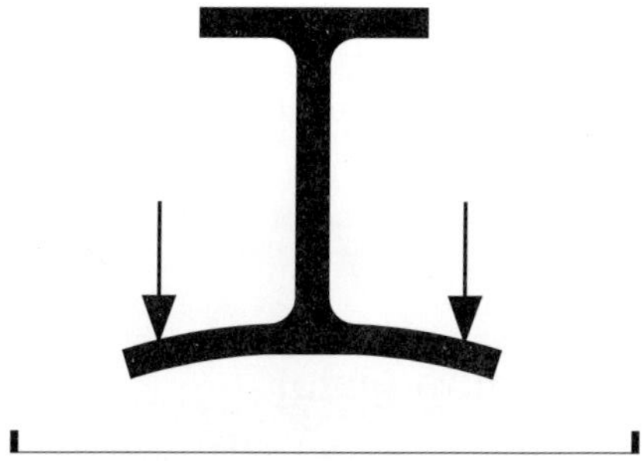

【그림 4.9】 하부플랜지의 연직휨

시공유형A에서 국부연직휨은 시공 및 완공단계서 검토되지만, 시공유형B에서는 적재하중은 ASB의 중심에 직접 작용하는 것으로 가정하고, 연직휨에는 추가시키지 않는다. 이러한 가정이 가능한 것은 관통연결철근으로 보강된 매립단면의 합성강성때문이다.

감소된 길이방향 휨강도를 산정하여 단면의 길이방향 강도에 대한 연직휨의 효과를 고려할 수 있지만 이 효과는 ASB단면에서는 일반적으로 매우 작다(< 3%).

연직휨과 다른 효과들의 상호작용에 대해 검토하고자 하면, Von Mises의 항복조건을 이용하여 연직 및 길이방향 휨응력을 조합할 수 있으며, 이것은 SCI 도서 P110[2]에 상세히 설명되어 있다. 근사상관식은 아래와 같다.

하부플랜지에 대해

$$\frac{\sigma_1}{p_y} \approx \left[1-0.52\left(\frac{M_t}{M_{R.flange}}\right) - 0.48\left(\frac{M_t}{M_{R.flange}}\right)^2\right]^{0.5}$$

여기서

- σ_1 : 하부플랜지에서 저감된 길이방향 휨강도
- M_t : 웨브 – 플랜지 교차부에서 편심거리 e에서 하부플랜지의 단위길이당 작용하는 국부휨모멘트

· $M_{R,flange}$: 하부플랜지의 휨내력 ($=1.2 \times Z_E = 1.2Tb^2p_y/6$, 보의 단위 m당)

위 식에 의해 산정된 인장강도 σ_1은 단면의 소성모멘트 수정에 의해 하부플랜지의 p_y대신 사용될 수 있다. 좀더 일반적으로 σ_1는 강도 계산에 사용되는 수정단면계수의 재산정에 사용될 수 있다. 접근법에서는 $M_{R,flange}$을 $M_{R,web}$ ($=1.2 \times t^2p_y/6$)로 대체하여 웨브부분에 대해서도 사용될 수 있다. 탄성내력의 1.2배인 이들 두 경우의 휨내력은 소성휨내력보다 약간 작다. 이러한 감소는 사용하중[4] 하에서 영구변형을 방지해준다.

플랜지의 상호작용을 검토할 때 필렛근방의 두께가 보 웨브로 갈수록 두꺼워지므로 필렛 중앙부까지의 편심을 고려하면 충분하다.

4.7. 휨 및 비틀림

4.7.1. 조합 응력 검토

많은 하중조건들에 대해 휨과 비틀림의 조합 응력에 대한 검토가 필요하다. 순수철골단면에 의해 저항된다고 가정하면, SCI 도서 P057[14]의 해석방법을 적용할 수 있다. ASB단면에 대해서 적용되는 절차는 다음과 같다.

작용 하중은 【그림 4.10】과 같이 전단중심(S)에 대한 비틀림 T 및 하중 W로 표현할 수 있다. 하중은 수평축에 대한 모멘트 M과 단면의 비틀림 φ를 유발한다. 모멘트 M은 단면의 주축에 대해 2개의 직교성분으로 다음과 같이 분해할 수 있다.

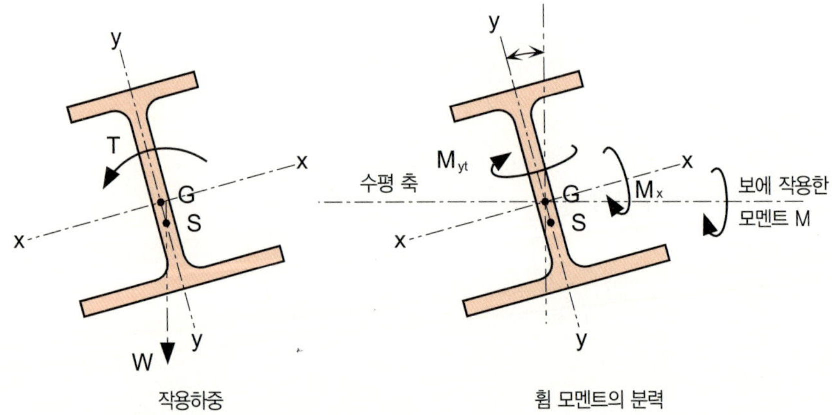

【그림 4.10】 단면에 작용하는 휨 및 비틀림의 조합 응력 및 휨 모멘트의 분력

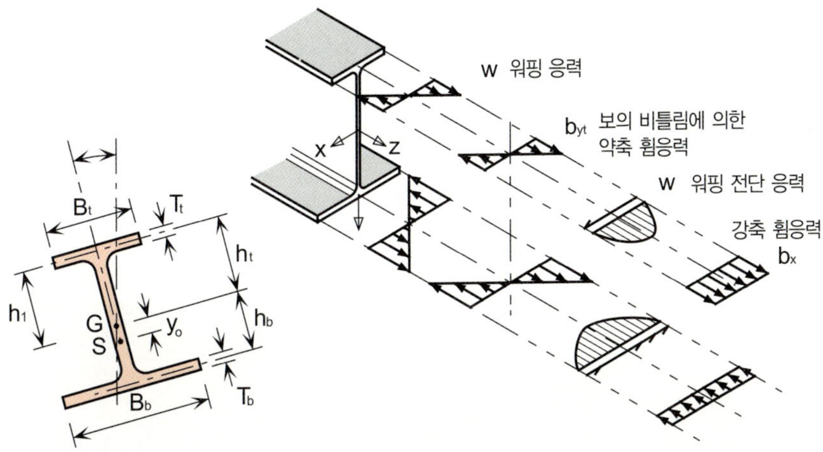

【그림 4.11】 단면의 응력

$M_x = M\cos\phi \otimes M$: 단면의 주축(x−x) 성분

$M_{yt} = M\sin\phi \otimes \phi M$: 단면의 주축(y−y) 성분

이것은 【그림 4.11】에서와 같이 휨응력 σ_{bx}, σ_{byT} 및 워핑응력 σ_w을 발생시킨다. y−y휨 및 워핑응력은 플랜지의 끝(tip)에서 최대가 되며, 비대칭성에 의해 가장 최악의 응력조합은 일반적으로 상부플랜지에서 얻어진다.

다음 사항들에 대해 검토하여야 한다.

- 좌굴에 대한 저항
- 국부내력
- 휨, 비틀림, 워핑에 의한 전단응력에 대한 저항

전단검토는 일반적으로 단면이 짧기 때문에 ASB단면에는 필요 없다. 이에 대한 추가적인 자료는 P057[14]를 참조 바란다.

좌굴검토에 있어서 다음 기준이 만족되어야 한다[14].

$$\frac{M_x\, m_{LT}}{M_b} + \frac{(\sigma_{byt} + \sigma_w)}{p_y}\left[1 + 0.5\,\frac{M_x m_{LT}}{M_b}\right]^{0.5} \le 1.0$$

여기서

· M_x : 부재에 작용하는 최대 주축 모멘트

· m_{LT} : BS 5950-1[4], 4.3.6.6절에 의한 횡비틀림좌굴에 대한 등가등분포모멘트계수

※ 주 : 안전성에 무해한 등분포하중에 대해서 m_{LT}=0.925이지만 보수적으로 1.0 사용 가능

· Mb : 횡구속부분 사이 보의 좌굴저항모멘트

※ 주 : 단면계수의 수정을 통한 국부연직휨의 영향을 반영하는 좀더 정교한 해석에 의한 경우 M_b값을 저감할 수 있음.

· σ_{byt} : 플랜지 단(tip)에서 휨응력 ($\sigma_{byt} = M_{yt}/Z_y$)

· M_{yt} : 비틀림에서 발생된 약축방향의 휨분력

· Z_y : 철골단면의 약축에 대한 탄성단면계수

· φ : 보 부재의 최대 비틀림각 (단위: 라디안)

· σ_w : 워핑 응력 ($\sigma_w = -E\, W_{no}\varphi''$)

· E : 강재의 탄성계수

· W_{no} : 압축플랜지 단에서 정규화 워핑함수 $W_{no} = h_1 B_t/2$

· h_1 : 상부플랜지 중심에서 전단중심까지 춤 ($h_1 = h_t + y_o$)

여기서

· h_t : 상부플랜지 중심에서 단면중심까지의 거리

· y_o : 단면중심과 전단중심사이 거리

$$y_o = \frac{h_b I_{yt} + h_t I_{yc}}{I_{yt} + I_{yc}}$$

여기서

· h_b : 단면중심에서 하부플랜지 중심까지 거리

· I_{yc} : 주축에 대한 상부(압축)플랜지의 단면2차모멘트

$$I_{yc} = \frac{T_t B_t^3}{12}$$

· I_{yt} : 주축에 대한 하부(인장)플랜지의 단면2차 모멘트

$$I_{yt} = \frac{T_b B_b^3}{12}$$

· φ'' : 지점에서 거리에 따른 φ의 2차 도함수
· p_y : 강재의 항복응력

단면의 국부내력은 반드시 검토되어야 한다. 다음 기준이 p057에 제시되어 있다.

$$\sigma_{bx} + \sigma_{byt} + \sigma_w \leq p_y$$

여기서

· σ_{bx} : 주축휨응력 ($\sigma_{bx} = M_x / Z_x$)
· Z_x : 철골단면의 주축에 대한 탄성단면계수

※ 주 : 주축 휨검토[14] $M_x < M_{cx}$는(4.7.1절 참조) 소성검토인 반면, 이러한 국부내력 검토는 탄성 응력의 단순합에 근거한다. 이 접근법은 단면이 매우 작은 비틀림을 받는 경우 외견상으로 단면의 휨성능이 상당히 낮게 평가되는 문제점이 생기기도 한다.

4.7.2. 비틀림각

비틀림각 φ 및 이것의 미분값은 P057[14]에 근거한 아래 방법으로 산정할 수 있다. 보의 길이에 따른 비틀림 변화는 비틀림의 크기, 경계조건 및 단면의 비틀림 특성에 좌우된다. 볼트접합된 보의 일반적인 경계조건은 비틀림에 대해서는 고정단, 워핑에 대해서는 자유단으로 한다. 이 경계조건을 갖는 경우, 비틀림은 비틀림휨상수 "a", 보의 재축방향길이 "z"의 함수식으로 표현될 수 있다.

비틀림휨상수는 다음과 같다.

$$a = \left(\frac{EH}{GJ}\right)^{0.5}$$

여기서

· G : 강재의 전단탄성계수
· H : 워핑상수
· J : 비틀림상수

비틀림각 및 미분값은 비틀림상수에 대한 스팬비 L/a에 따라 【표 4.1】과 같다.

【표 4.1】 등분포 비틀림을 받고 비틀림에 대한 단부고정, 워핑에 대해 자유단인 보의 비틀림 함수

L/a	$\frac{\varphi GJ}{T_q a}$	$-\frac{\varphi'' GJa}{T_q}$
0.0	0.000	0.000
0.5	0.002	0.061
1.0	0.012	0.113
1.5	0.036	0.152
2.0	0.074	0.176
2.5	0.124	0.188
3.0	0.183	0.192
3.5	0.248	0.189
4.0	0.316	0.184
4.5	0.387	0.176
5.0	0.458	0.167
5.5	0.529	0.159
6.0	0.600	0.150
8.0	0.880	0.120
10	1.151	0.099
12	1.417	0.083
14	1.679	0.071
16	1.938	0.062
18	2.194	0.056
20	2.450	0.050
22	2.705	0.045
24	2.958	0.042
26	3.212	0.038

※ L/a의 중간값에 대해서 선형보간이 허용된다.

4.7.3. 좌굴저항

좌굴저항모멘트 M_b의 계산법은 BS 5950-1[4]에 제시되어 있다. M_b는 횡비틀림 좌굴에 대한 보의 세장비(λ_{LT}) 함수로서 세장비는 다음과 같이 산정된다.

$$\lambda_{LT} = uv\lambda\sqrt{\beta_w}$$

여기서

$\lambda = L_E / r_y$

여기서

· L_E : 횡비틀림좌굴 유효길이
· r_y : 약축에 대한 단면이차반경
· u : 좌굴변수
· β_w : 단면등급에 따른 비율, 단면등급 1, 2에 대해서는 1.0 사용 (현재 ASB단면에 적용됨)

세장비계수, v는 BS 5950-1[4]의 표 19로부터 λ/x 와 η의 함수로 정하거나, 일축대칭 I 단면에 대해서는 다음에 의해 산정한다.

$$\nu = [(4\eta(1-\eta)+0.05(\lambda/x)^2+\psi^2)^{0.5}+\psi]^{-0.5}$$

여기서

· η : $I_{yc}/(I_{yc}+I_{yt})$
· ψ : 일축대칭 지수 (I_{yc}와 I_{yt}는 앞에서 정의되었다.)
· x : 비틀림 지수

유효세장비 λ_{LT}는 BS 5950-1[4]의 【표 16】에서 보의휨강도 p_b 결정에 사용된다.

좌굴저항모멘트는 다음에 의해 계산된다.
단면등급 1, 2단면
$M_b = p_b S_x$

여기서

· S_x : 소성단면계수 (필요한 경우 국부연직휨에 대해 저감함)
· M_b : 조합좌굴식으로 대입 가능 또는 비틀림이 없는 경우 $M_x \leq \dfrac{M_b}{m_{LT}}$ 검토용으로 사용

4.7.4 휨에 대한 저항 검토

비틀림이 없을 경우, 작용최대 모멘트 M_x는 BS 5950-1[4]의 모멘트내력 M_{cx}과 비교하면 다음과 같다.

$M_x \leq M_{cx}$

모멘트내력은 작용모멘트가 높은 전단력(작용한 전단력 〉 전단내력의 60%)과 동시에 작용하는 경우에는 저감된다. 그러나 등분포하중을 받는 단순지지보에서는 일반적으로 이러한 경우가 희소하다. ASB단면의 웨브 역시 두께가 충분하므로 전단력이 문제가 되는 경우는 거의 없다.

현재 모든 ASB단면들은 단면등급 1에서 소성강도 발현이 가능하므로 내력은 다음과 같이 구한다. $M_{cx} = p_y S_x$ (여기서 S_x는 연직휨에 대해 저감될 수도 있다.)

4.8. 사용성 조건

사용성한계상태와 관련된 6개의 설계기준이 있다

- 세우기 과정중 상부플랜지의 수평 이동 한계
- 적재하중에 의한 처짐한계
- 전체 처짐한계
- 불균등 적재하중에 의한 비틀림 한계
- 영구변형 방지
- 과도한 진동 방지

모든 사용성계산에 탄성단면특성을 사용해야 한다. 비계수하중에 대한 보의 수직처짐 계산 뿐만 아니라 불균등 하중에 대한 보의 비틀림각도 계산하여야 한다.(4.5절 참조)

4.8.1. 합성단면의 탄성특성

합성단면의 단면이차모멘트는 콘크리트 단면적을 영계수비(modular ratio) α_e로 나누어 등가철골 단면적으로 변환하여 구한다. α_e의 값들은 【표 4.2】에 있다. 비균열단면특성은 단면내의 모든 콘크리트를 포함하여 계산한다. 이 값들은 일반적으로 처짐 및 고유진동수 예측에 사용된다. 인장영역의 콘크리트를 무시하는 균열단면특성을 사용하면 낮은 단면이차 모멘트가 얻어진다. 균열단면특성은 사용성 응력검토에 사용된다.

【표 4.2】 콘크리트에 대한 철골의 영계수비 α_e

하중종류	일반콘크리트	경량 콘크리트
단기	6	10
장기	18	25
적재하중	10	15
동적하중	5.4	9.3

4.8.2. 처짐한계

처짐에 대한 권장한계는 【표4.3】과 같다. 절대처짐의 한계값은, 예를 들어 외피의 형식과 같이 특정 건물구조에 따라 결정된다.

본서에 상세히 다루고 있지는 않지만, 모멘트 접합부를 사용하여 사용성 처짐을 감소시킬 수 있다.

【표 4.3】 일반적인 보의 권장 처짐한계

하중종류	보의 종류	
	내부	모서리
적재하중	L/360	L/500
적재하중 + 외장재 하중	–	L/360
외장재 하중만 작용시	–	L/500
전체처짐	L/200	L/250
절대처짐	50 mm	25 mm

4.8.3. 영구변형

사용하중시에 단면의 항복이 발생되지 않아 보의 선형탄성거동(처짐계산에 사용됨) 가정이 유효함을 보장하기 위해 이러한 검토가 요구된다. 순수철골단면의 응력(시공하중시에 자중에 의해 발생)은 최종합성조건의 응력(적재하중 및 부가자중에 의해 발생)에 추가되어야 한다. 안전한 설계를 위해 합성단계에서 인장영역에 있는 콘크리트 단면에는 균열이 발생하였다는 가정하에 응력을 계산한다. BS 5950-3[12]에 따르면, 철골의 전체응력은 p_y 이하이어야 한다. 감소된 단면계수가 응력계산에 사용되면 국부연직힘의 상관작용을 적정하게 고려할 수 있다. 콘크리트의 응력은 압축에서 0.5 f_{cu}로 제한한다.

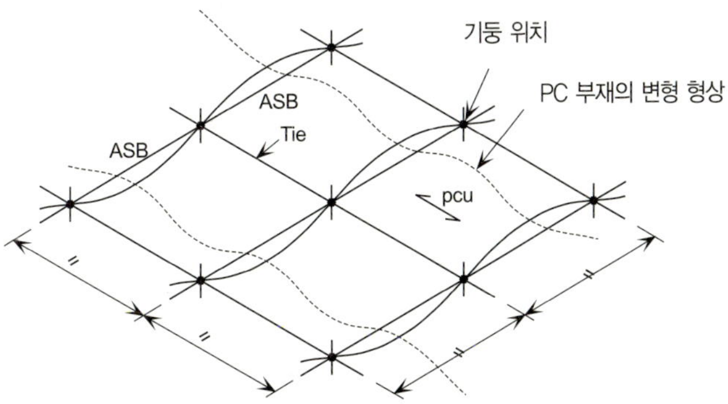

【그림 4.12】 프리캐스트 부재가 있는 ASB바닥 시스템의 전형적인 기본진동모드 형상

4.8.4. 동적 고려사항

고유진동수

각각의 구조요소들이 상호 접합되어 전체 바닥시스템을 구성하고 바닥이 진동할 때, 전체 바닥은 모드형상이라는 특정한 형상으로 상하로 움직이게 된다. 비록 각각의 바닥 진동수별로 고유의 특별한 모드형상을 갖지만 설계에 가장 중요한 것은 가장 낮은(1차 모드) 진동수 또는 기본진동수이다. 왜냐하면 가진을 받을 때 최대가속도 응답은 통상 1차(기본) 진동모드에서 발생하기 때문이다. 바닥시스템의 기본진동수는 다른 고차모드의 진동수보다 항상 작다.

일반적으로 프리캐스트 부재를 가진 ASB를 포함하는 바닥에 큰보(거더)는 요구되지 않으므로 고유진동수의 계산은 매우 단순하다. :【그림 4.12】에서 표시하는 바와 같이 신경써서 검토해야 할 모드는 1개만 있기 때문이다. 그림에서 보는 바와 같이, 모드형상은 지지 기둥에 대해 단순지지 부재로 진동하는 ASB에 의해 지배받는다. 바닥슬래브의 유연성은 ASB 지지부의 처짐에 의해 대략 동일한 영향을 받기 때문에 슬래브 단부의 경계조건은 고정단으로 보고 슬래브 진동수를 산정한다.

전체 바닥의 기본진동수 f_0는 보와 바닥성분으로부터 계산된 처짐을 합산한 후 식(1)에 대입하여 산정한다.

$$f_n = 18/\sqrt{\delta_{sw}}\ \text{Hz} \tag{1}$$

여기서, δ_{sw}는 자중, 보에 작용하는 다른 영구하중, 영구적으로 고려할 수 있는 적재하중의 일부에 의한 즉시처짐(mm) (바닥의 경우 적재하중의 10%를 상한으로 고려)이다.

바닥이 정방형일 경우 바닥의 기본진동수는 식(1)에 다음의 즉시처짐값을 대입하여 산정할 수 있다.

$$\delta_{sw} = \frac{\omega b}{384E}\left(\frac{5L^4}{I_b} + \frac{b^3}{I_{slab}}\right)\ \text{mm} \tag{2}$$

여기서 ω는 단위면적당 하중, b는 ASB의 간격, L은 ASB의 스팬, I_b는 합성 ASB단면의 비균열 단면이차모멘트(【표4.2】의 영계수비 사용), I_{slab}는 프리캐스트슬래브의 단면 2차모멘트이다.

대안으로, 바닥의 기본진동수 f_0는 식(3)과 같이 Dunkerly의 근사법[15]에 따라 "구조요소별" 주파수를 직접 사용하는 것이 편리할 수 있다. 두 방법은 동일한 결과값을 보여 준다.

$$\frac{1}{f_0^2} = \frac{1}{f_1^2} + \frac{1}{f_2^2} + \frac{1}{f_3^2} \qquad (3)$$

여기서 f_1, f_2 및 f_3는 각각 적정한 경계조건을 반영하여 산정된 합성슬래브, 작은 보 및 큰 보(만약 있다면) 의 구조요소별 진동수(Hz)이다.

보행하중을 받는 바닥의 경우, 고유진동수 f_0는 최소 3.55Hz를 추천한다[16]. 동시에 많은 사람들이 운동하는 바닥(에어로빅, 체육관 등)의 경우 극한한계상태기준의 동적하중효과를 고려하여야 한다. BS 6399-1 (1996)[17]에 의하면, 바닥의 고유진동수가 8.4Hz(자중 및 영구하중만 고려)보다 크면, 공진효과를 무시할 수 있다. 이러한 진동수 한계를 만족할 수 없으면, 동적하중은 BS 6399-1(1996) 부록 A의 방법에 의해 직접 계산되어야 한다. 이 방식을 적용할 때 동하중에는 하중계수 1.0을, 고정하중에는 하중계수 1.4를 적용한다.

바닥의 허용값

시공유형A와 같은 구조적 토핑이 PC부재 상부에 타설되지 않을 경우, 【그림 4.12】와 같은 기둥 사이의 연결부재를 가로지르는 슬래브의 연속성은 상실된다. 연속성이 유지되지 않으면, 보행진동에 대항하는 바닥의 유효질량은 감소된다. 슬래브에 매립된 역T형단면은 연결부재로 적정하지 않을 수 있다. 왜냐하면 콘크리트와 T형부재 사이의 부착력은 상실되고 연속성이 방해받기 때문이다. 가능한 해법은 【그림 4.13】과 같은 I형 연속부재를 사용하거나, 천정고가 허용되는 곳에서는 PC부재 하부에 연결재를 사용한다.

일반적인 강구조 건설에서와 같이, 보행하중을 받는 바닥의 허용여부는 SCI 도서 *Design guide on the vibration of floors*[15]에 의한 반응계수를 계산하여 평가한다.

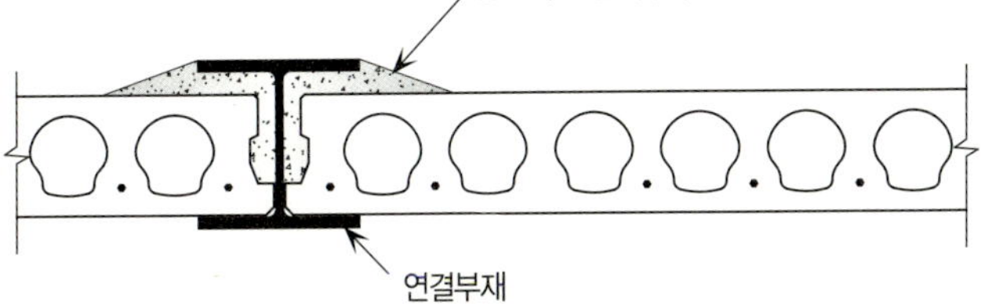

【그림 4.13】 시공유형A의 경우 가능한 연결부재 상세

4.9. 접합부 설계

4.9.1. 개요

ASB단면 접합부는 일반적으로 전체춤 단부플레이트를 사용하여 만들어야 한다. 접합부 설계시 고려할 사항은 다음과 같다.

- 보 및 기둥 플랜지 폭
- 비틀림 저항 요구사항 (특히 모서리보)
- 보 배열에 적합한 접합부 편심 (특히 모서리보)
- 전단과 인장 (작용되는 경우)에 저항할 수 있는 충분한 볼트 배치
- 모살용접 요구조건
- 보플랜지 상부 (내풍모멘트골조에서는 플랜지 하부)까지 단부 플레이트의 연장 필요성 여부
- 각형강관 또는 원형강관 기둥과의 접합부

이러한 조건들을 만족하기 위해 표준치수들이 채택된 바 있다[18].

ASB와의 단부플레이트접합부는 플러쉬 A, B형 및 확장형으로 분류[18]된다. 플러쉬 A형 단부플레이트는 ASB의 내부 단면을 따라 용접한다. 플러쉬 B형 단부플레이트는 외부플랜지 단면을 따라 추가 용접한다. 확장단부플레이트는 단면의 상부(필요시 하부) 추가 볼트열에 충분한 길이만큼 ASB에 중첩시킨다.

RHS 또는 SHS기둥이 사용될 경우 Hollo bolt 또는 Flow drill 형 접합부가 사용된다. 기타 접합부는 특별한 시공법에 적합하도록 사용된다. 단, 설계자는 접합부의 비틀림강성을 고려하여야 한다. 접합부설계 상세 지침은 다음 도서를 참조 바란다.

- 강구조 접합부 : 단순접합 (P212)[19].
- 강구조 접합부 : 모멘트 접합 (P207)[20].
- 코러스 슬림덱 메뉴얼[18]

ASB의 모멘트 단부 접합부 설계는 보의 강성 및 강도를 증가시키기 위해 채용될 수 있지만 본서에서는 고려하고 있지 않다.

4.9.2. 상세

접합부상세의 기준점은 하부플랜지 상부이다. 이 높이(슬래브의 표면 높이에서 슬래브 춤을 감함)는 모든 ASB 단면들에서 일정하게 한다. 하부볼트는 하부플랜지 상부 50mm에 위치한다. 볼트접합 상세권장안은 【그림 4.14】와 같다.

단부플레이트는 모든 ASB단면에 대해 표준폭을 200mm로 하여, 203 UC 이상의 큰 기둥들과의 접합부가 가능하게 한다. 볼트 게이지 간격은 120mm로 하여 볼트는 인장 및 비틀림에 효과적이게 한다. 볼트 사이의 수직거리는 3열 볼트의 경우 75mm, 2열볼트의 경우 150mm로 한다. 이러한 상세들은 SCI/BCSA "모멘트 접합"과 상이한데, UB단면(영국 철골단면)들과 비교하면 ASB의 단면들은 플랜지가 두껍고 춤이 얇기 때문이다. 이러한 상세규칙을 따르면 접합부에서 충분한 전단, 휨내력 및 강성이 확보된다. ASB접합부의 권장 볼트크기 및 단부플레이트두께는 【표 4.4】와 같다.

이러한 규칙들은 모서리 보에서는 수정이 필요할 수 있다. 보들이 외장재를 설치하기 위해 보가 기둥 중심선에서 후퇴되어 있으므로 이러한 접합부에서는 상세에 주의를 요한다.

치수	A	B
ASB280	110	44
ASB300	140	62

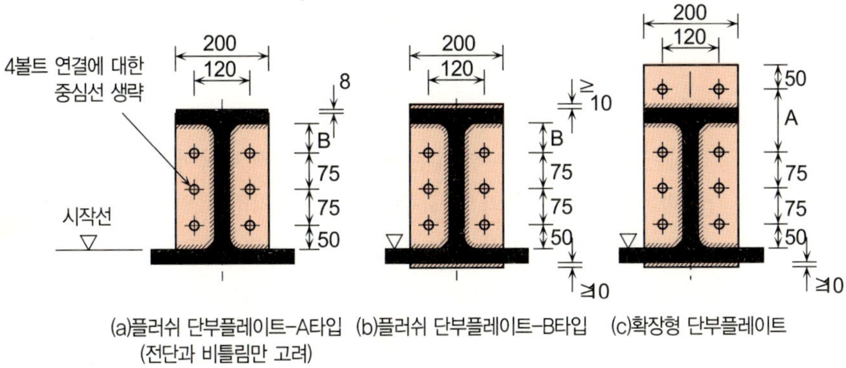

【그림 4.14】 ASB단면과 단부플레이트접합부의 권장 상세치수

【표 4.4】 ASB접합부를 위한 권장 볼트 크기 및 단부 플레이트 두께

	8.8등급 볼트 치수 (mm)	단부플레이트 두께 (mm)	
		전단 저항 연결부	
경간 ≤ 6 m	20	10	경간 ≤ 6 m
경간 > 6 m	24	10	경간 > 6 m

4.9.3. 비틀림 저항을 지닌 전단저항 접합부-ASB단면과 플러쉬 A형

단부플레이트

ASB단면을 기둥에 연결하는 일반적인 방법은 4 또는 6개의 볼트를 사용한 전체춤 플러쉬 단부플레이트 접합부이다.(【그림 4.14】(b) 참조) 이러한 접합부들은 우수한 전단 및 비틀림 저항력을 가지며, 시공단계 또는 모서리보와 같은 균형하중을 크게 벗어나는 경우에 유용하다.

4.9.4. 모멘트 및 전단 저항 접합부-ASB단면과 플러쉬 B형 또는 확장형 단부플레이트

이러한 접합형식은 순수전단 또는 전단과 모멘트가 조합된 경우에 대해 저항하는데 적합하다. 일반적으로 ASB플랜지에 완전용접되는 두꺼운 단부 플레이트의 사용이 필요하다. 8개의 볼트를 사용한 확장형 단부 플레이트는 보의 모멘트 내력의 최소 10%를 단부에서 지지할 수 있다. 모멘트저항능력, 표준단부 플레이트 상세와 최소용접치수를 사용했을 때 모멘트, 전단, 비틀림에 대한 저항내력은 Corus Slimdek Manual[18]에 제시되어 있다. 상기메뉴얼은 SCI/BCSA 도서 P207[20]의 지침에 의해 개발되었다.

4.10. 강건성

구조물의 강건성은 폭발과 같은 우발적 손상 및 비정상적 하중에 대한 저항력을 의미한다. 건축법[21] A편에 건물의 "불균등 붕괴"를 방지하기 위한 법적 요구사항이 있다. 설계규준에서는 다양한 구조요소들 사이의 최소 긴결력을 규정함으로써 법적 요구조건을 만족시키고자 한다. (BS 5950-1[4]과 S8110-1[7]을 참조하라) 강구조물은 보-기둥 접합부를 적정하게 설계하여 긴결력을 확보한다. 일반적으로 다음의 긴결시스템이 요구된다.

- 외주부 긴결
- 내부보와 바닥슬래브 사이 내부 긴결
- 기둥들(슬래브를 가로질러 배치될 수 있음)사이 내부긴결

다이아프램 및 내화성능(다음 2개 절에서 서술됨)을 확보하기 위한 여러 조항을 따르다보면 통상 충분한 강건성이 확보되는 것이 통례이다.

ASB 단면들과 바닥슬래브 사이의 외부 및 내부긴결은 ASB를 직교 또는 관통하는 PC부재의 개구부에 철근을 배근하거나 PC부재와 ASB를 직접 고정함으로써 가능하다. 보의 긴결 상세는 3.5절에 서술하였다.

5. 바닥 슬래브 설계

이하에서는 중공 및 일반 PC부재 설계를 간략히 요약한다. 추가적인 정보는 PC바닥협회(PFF)[22]에서 얻을 수 있다.

5.1. PC부재 설계

대부분의 경우 제작자가 중공부재의 설계를 담당한다. 강도관점에서 고려되어야 할 주요설계사항들을 이하에서 간단하게 서술한다.

일반 철근콘크리트부재와 상이하게 중공부재에는 부착력에 의해 정착되어 있는 길이방향 프리스트레스텐던 이외에는 철근이 없다. 따라서, 되도록 바닥을 단순지지로 설계함으로써 무배근 구역에서의 인장력 발생을 피할 수 있다.

중공부재의 휨내력은 일반적인 프리스트레스 콘크리트 부재와 같이 인장응력이 발생되는 구역의 콘크리트를 선압축하게 된다. 따라서 부재에 하중이 증가될 때 휨응력은 점차 해당 구역의 선압축력을 감소시키게 되지만, 일단 하중이 제거되면 부재는 초기응력상태로 복귀한다.

철근콘크리트 설계에 일반적으로 수행되는 전단저항능력 검토 이외에 지지부 주위에 추가적인 검토가 또한 요구된다. 이러한 검토는 전단인장파괴가 발생하는 것을 방지하게 하고, (웨브의 주인장응력이 콘크리트의 인장강도에 도달시 발생하는 파괴) 프리스트레스 강재에 충분한 정착이 확보되었음을 확인하는 것이다. 이러한 검토는 온전한 프리스트레스응력이 발생되는 지지부길이(전달길이라 함)에 의해 크게 영향받는다.

구조적 토핑이 사용되면 토핑과 중공부재의 합성작용에 의해 중공부재의 내력을 증가시킬 수 있다. 일반적으로 내력향상은 20%~60%정도 된다.

5.2. 강성이 작은 지지체에 대한 고려

전술한 바와 같이, 중공부재는 일반적으로 견고한 지지체에 단순지지된 것으로 설계한다. (【그림 5.1】(a)) 그러나 이러한 부재들이 적재하중에 의해 처짐이 발생하는 보에 의해 지지될 경우(【그림 5.1】(b)), 지지하는 보의 재축과 평행한 전단응력이 중공부재의 단부에 작용한다. 실험결과 및 유한요소해석[23], [24]에 의해 이러한 추가적인 응력들은 적재하중에 의한 수직 전단력(이러한 응력들은 견고한 지지체가 사용되었다면 슬래브 내부응력에 부가된다)과 직접 관련있음을 확인하였다. 강성이 작은 지지체 때문에 발생된 조합 응력은 중공부재의 전단내력이 검토될 경우 고려되어야 한다.

지보공(동바리)을 사용치 않는 대부분의 경우에는 일반적으로 유연한 지지부

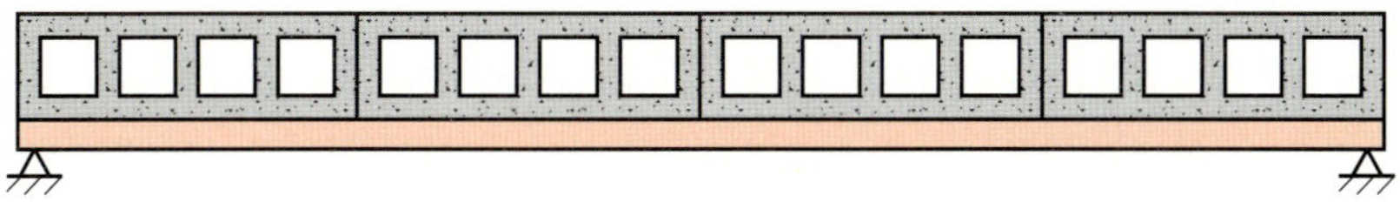

(a) 견고한 지지부

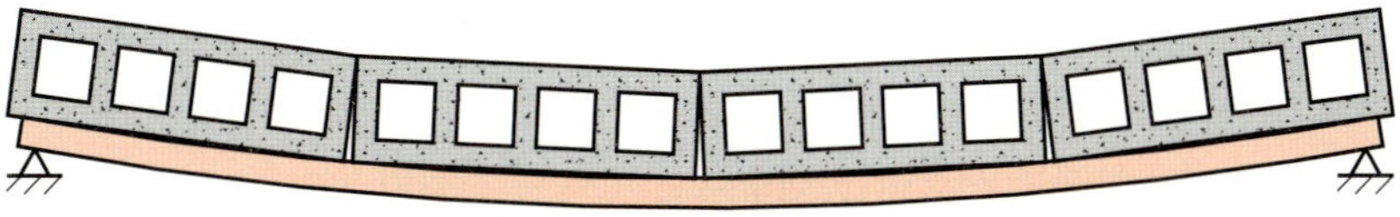

(b) 하중에 의한 보의 변형

【그림 5.1】 마찰이 없는 보 위의 중공부재 단면

효과에 의한 추가응력에 저항할 수 있는 충분한 전단내력이 중공부재 내부에 존재하는 것이 보통이다. 그러나 지보공이 사용되면, 지보공의 제거에 의해 중공부재에 추가적인 전단응력이 발생하므로 특별한 주의가 요구된다.

강성이 약한 지지부에 놓은 중공부재의 구조적 내력은 부재춤과 동일한 거리까지 중공부재의 단부를 채우거나, 부재상부에 현장타설콘크리트 토핑을 타설하여 향상시킬 수 있다. PC부재가 있는 ASB의 경우, 중공의 최소 절반만 채워져도 이러한 효과를 얻을 수 있다. 다른 방법으로 지지하는 보의 강성을 소요휨내력 이상으로 크거나 춤이 깊은 보를 사용하여 증대시킬 수도 있다.

슬래브에 작용하는 계수 전단력이(PC부재의 자중 제외) $0.35V_{Rd}$(여기서 V_{Rd}는 제작자가 제공하는 중공부재의 전단내력)보다 작으면 지지부 강성의 영향은 고려할 필요가 없다[25]. 지보공을 사용할 경우 또는 슬래브 계수전단력이 $0.35V_{Rd}$보다 클 경우, PC부재 제작자의 조언이 요구된다.

5.3. 다이아프램

풍하중을 가새벽 또는 콘크리트코어월에 전달하기 위한 다이아프램 거동이 바닥에 의해 제공되어야 한다. 이러한 작용은 다음에 의해 얻을 수 있다.

- 연속현장타설 토핑 제공. 이것에 의해 양직각방향으로 면내력이 전달될 수 있다.
- 바닥과 외곽부 부재 사이의 긴결(예를 들어 용접전단연결재와 루프철근으로 부착된)
- 전단벽 또는 콘크리트 코어에 긴결
- 현장타설 토핑이 사용되지 않을 경우, 추가적인 내부긴결이 제공되어야 한다. 더 넓은 바닥 또는 높은 건물의 경우, 토핑은 항상 타설해야 한다. 합성보에 횡방향철근을 배근함으로 가능하다.

동일한 방법이 강건성을 확보하기에도 적정하다.(4.10절 참조)

건물외곽부의 철골보는 다이아프램(필요하면) 및 비틀림저항(외장재를 지지할 경우)을 위해 바닥플레이트에 긴결되어야 한다. 다양한 철골단면들이 모서리보에 사용할 수 있으며, 기계적 장치에 의해 슬래브에 연결되거나 메탈스트랩과 같은 것에 의해 PC부재에 직접 연결된다면, 외곽부 긴결로서 작용한다고 볼 수 있다.

ASB 및 중공부재를 사용하는 전형적인 바닥의 긴결위치는 【그림 5.2】와 같다. 내부보 및 모서리보의 전형적 긴결상세는 3.5 및 3.6절에서 설명하였다.

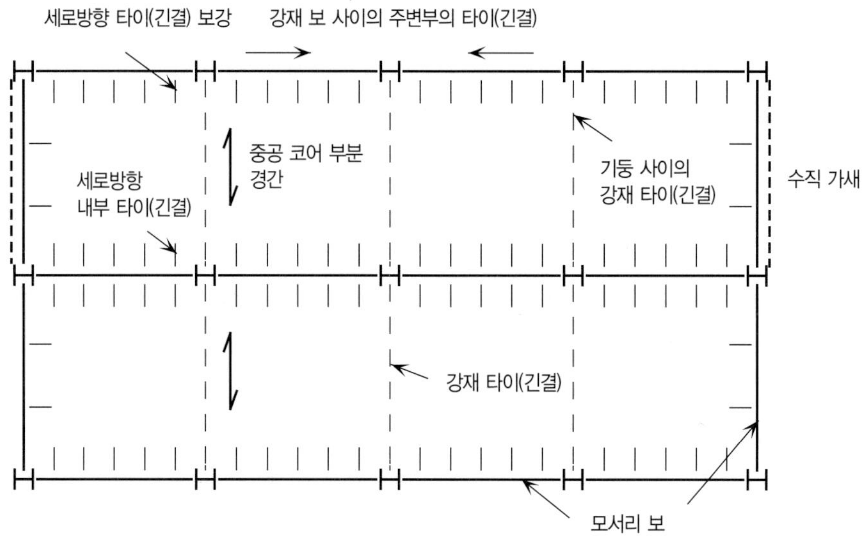

【그림 5.2】 PC중공부재를 사용한 바닥의 다이아프램 확보를 위한 상세

6. 내화성능

많은 슬림바닥공법에 대한 내화성능은 실험(내화성능실험)과 해석(컴퓨터모델기법) 모두에 의해 검증되었다. 이러한 연구결과로부터 부분적으로 매립된 보의 내화성능도 신뢰성있게 평가될 수 있다. PC바닥부재를 사용하는 모든 ASB 단면들은 최소 30분의 내화성능을 확보할 수 있다. ASB(FE, Fire Engineering)단면들은 추가적인 내화피복없이 60분의 내화성능을 확보하도록 설계할 수 있다. 더 높은 성능이 요구되면 추가적인 내화피복이 요구된다. 관련 지침은 6.7절을 참조하라.

PC중공부재를 지지하는 ASB로 구성된 바닥구조는 내화실험의 대상은 아니다. 그러나 PC콘크리트 바닥을 지지하는 슬림플로어보와 춤이 깊은 데크를 지지하는 유사보에 대해서는 내화실험이 수행된 바가 있다. 춤이 깊은 데크를 지지하는 ASB단면에 대해서도 내화성능실험을 하였다. 그 결과 단면 하부의 온도증가가 PC콘크리트 바닥부재를 지지하는 보보다는 데크를 지지하는 보에서 더 크다고 밝혀졌다. 이것은 PC콘크리트바닥은 보의 상부를 보호하지만, 데크는 데크리브 사이의 노출면을 통해 단면내로 열이 진입하기 때문이다. 이러한 차이들은【그림 6.1】에서 볼 수 있다.

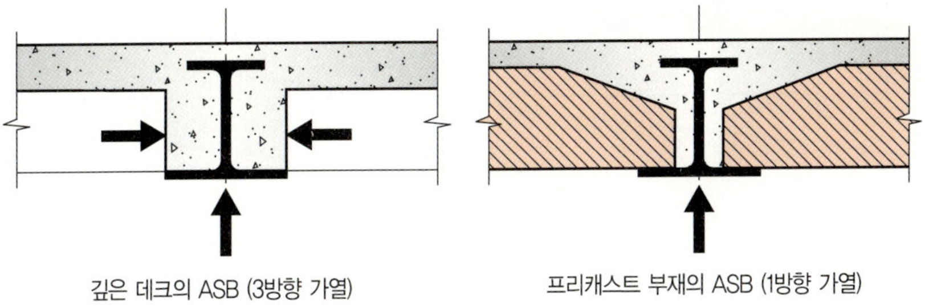

【그림 6.1】 데크 ASB와 중공바닥 ASB의 열 영향 비교

화재시 PC부재를 지지하는 ASB단면의 휨내력에 대한 본서의 설계값들은 강재데크에서 얻은 더 불리한 온도분포에 근거한다. 향후 PC부재를 지지하고 ASB에 대한 내화성능실험을 수행하며 설계값들을 개선할 수 있다.

공장제작 슬림바닥보의 내화성능은 SCI도서 P127, 깊은 데크를 지지하는 ASB의 내화성능은 P175에 기술되어 있다. 이 도서들에는 설계를 정당화하기위해 수행되는 내화성능실험들이 요약되어 있다.

6.1. 내화성능 요구사항

내화성능은 내화저항실험에서 확인된 성능으로 정의된다. 모든 구조시스템과 내화피복재들은 일반적으로 영국 규준 BS 476 및 이와 동등한 국제표준에 의해 실험될 것이다. 내화실험에서 부재들은 3가지 기준, 즉 단열성, 일체성, 내력에 의해 평가된다.

"단열성"은 화재에서 기인한 전도열에 저항하는 능력이다. "일체성"은 부재가 불꽃과 뜨거운 연기의 흐름/전파를 막는 능력이고, "내력"은 지지하는 능력이다. 바닥과 벽은 "분리부재"로 고려되므로, 이러한 3가지 조건을 만족하여야 한다. 보와 기둥은 본질적으로 선재이므로, 구획벽 또는 바닥속에 구축되어 "열교"(hot bridge)로서 작용하지 않으면 내력기준만 만족하면 된다. 본서의 권장사항에 의한 보의 상세는 이러한 요구조건을 만족한다.

6.2. 화재한계상태 하중

화재한계상태 계수하중을 사용한 설계모멘트는 화재시 휨내력보다 크지 않아야 한다. BS 5950-8[4]에 의하면, 화재시 적재하중과 고정하중은 우발(화재발생) 한계상태에서 예상되는 하중수준을 감안하여 일부 저감이 가능하다. 이 저감계수는【표 6.1】에 요약되어 있다. 감소값들은 하중계수로 표현된다.

【표 6.1】 화재시 하중저감계수

하중 종류	장소/유형	BS5950-8 C_f
부가하중	사무실	0.5
	비상 계단과 로비	1.0
	기타	0.8
	창고	1.0
	눈	0.0
	바람	0.33
영구하중	모두	1.0

※ 참고 : 풍하중은 경계조건을 고려할 때 무시 된다.

6.3. 시공유형A

시공유형A는(【그림 2.1 및 2.2】 참조)무피복 단면에 대해서 30분의 내화성능을 지닌다. 일반(상온)설계에 대한 하중의 고려로 충분하고 여타의 제한은 없다.

6.4. 시공유형B

두 종류의 시공유형B가 본서에서 소개되었는데(【그림 2.3】 및 【그림 2.4】) 이

형식에 대한 내화성능 평가는 다른 방식에 의한다. 첫번째는 콘크리트 피복이 없이 상부플랜지가 노출되어 있으며, 두번째는 상부플래지에 최소 30mm의 콘크리트 피복이 있다. 두 경우 하중 정도에 따라 60분의 내화성능을 얻을 수 있다.

6.4.1. 노출 상부플랜지

노출된 상부플랜지가 문제가 되며 노출된 철골을 통해 전도에 의해 화재가 확산 될 수 있다는 우려가 가끔 제기된다. 그러나 유사한 구조에 대한 내화실험 결과에 의할 때 노출상부플랜지는 과도하게 가열되지 않음이 확인되었다. 상부플랜지가 노출되었을 경우, ASB의 화재시 내력은 바닥슬래브와 합성으로 작용하지 않는다는 가정하에 검토된다.

6.4.2. 피복상부플랜지

상부플랜지에 최소 30mm 콘크리트 피복이 있는 경우, 보는 바닥슬래브와 합성 작용하는 것으로 가정한다. 합성작용은 콘크리트와 보 사이의 부착력과 상하 플랜지 사이에 구속된(locked) 슬래브와의 기계적 간섭에 의해 이루어진다. 화재시 슬래브의 유효폭은 스팬의 1/8로 가정한다. 내화성능실험으로 유효부착응력 0.9N/mm^{2}가 상부플랜지 주위에 작용하는 것을 가정할 수 있음을 보여주었다. 내화성능해석에서 콘크리트의 응력은 전단부착력 또는 콘크리트토핑에 의해 전단으로 전달되는 응력에 의해 제한된다.

6.5. ASB단면의 내화공학적 해석

휨내력은 소성이론에 의해 계산된다. P127[26] 및 P175[10]에서 보고된 바와 같은 방법에 의한 모멘트내력은 실제 내화실험에서 확인된 성능과 비교하면 상당히 안전함을 보여주고 있다. 현재 이 방법은 BS 5950-8[4]에서 권고하는 방법이다.

소성이론과 다음을 이용하여 모멘트 내력을 계산한다.

- 60분 화재 노출후 계산된 온도 사용
- BS 5950-8 (2% 변형율 한계 사용)에 의한 온도별 강재의 강도저감계수 사용
- 보 스팬의 1/8 (상온에서 일반 합성보설계의 대략 절반)을 슬래브 유효폭으로 사용
- 부분안전계수를 1.0으로 하고 콘크리트 강도는 0.67 f_{cu}로 산정. 60분 내화를 고려할 경우 콘크리트는 최대강도에 도달한 것으로 가정
- 최대전단부착응력 0.9N/mm^2

화재한계상태에서 하부플랜지의 온도는 일반적으로 상온 인장강도의 20% 이하로 떨어지게 하는 온도 수준이다.

인장 및 압축부재들의 감소된 소성내력을 계산한 후 인장력과 압축력이 평형을 이루도록 합성단면의 소성중립축 위치를 선정할 수 있다. 일반적으로 화재시의 소성중립축은 강재단면의 상부플랜지 가까이에 위치한다. 모멘트내력은 소성중립축에 대해 각 단면요소들의 소성내력을 모멘트로 취하여 얻게 된다. 일반적으로 부착강도가 충분하고 강재단면의 인장력이 감소하기 때문에 화재한계상

【표 6.2】 60분 내화성능 ASB(FE) 시공유형B의 하중표(콘크리트 등급 30, 강재종류 S355)

단면	보 경간(mm)	극한한계상태에서의 모멘트저항력(kNm)	60분 내화 성능 (kNm)	하중비
300 ASB(FE)249				
비합성	ALL	1293	815	0.63
합성	6000		877	0.68
	7000		886	0.69
	8000		895	0.69
300 ASB(FE)185				
비합성	ALL	912	530	0.58
합성	6000		580	0.64
	7000		587	0.64
	8000		594	0.65
300 ASB(FE)153				
비합성	ALL	739	412	0.56
합성	6000		457	0.62
	7000		463	0.63
	8000		469	0.63
280 ASB(FE)136				
비합성	ALL	617	333	0.54
합성	6000		368	0.60
	7000		373	0.60
	8000		378	0.61
280 ASB(FE)100				
비합성	ALL	439	226	0.51
합성	6000		255	0.58
	7000		259	0.59
	8000		263	0.60

태에서 완전한 전단접합이 존재하는 것으로 고려할 수 있다.

본서에서 서술된 ASB단면 및 PC부재의 사용과 관련하여, 60분 내화성능을 가진 ASB(FE)단면의 모멘트내력을 【표 6.2】에 정리하였다. ASB단면(2절 및 【그림 2.1】 참조)의 공칭단면특성값과 위의 방식에 따라 계산된 설계강도를 사용하여 【표 6.2】의 값이 도출되었다. 비합성 및 합성의 경우에 대해 제시되어 있다. 화재시 합성으로 고려되는 시공유형B의 보에 대해 슬래브의 춤은 화재시 단열기준을 만족하는 최소콘크리트 두께(6.4절 참조) 또는 보의 최소피복두께 30mm를 기준으로 한다. 【표 6.2】의 중간값들은 보간법으로 구한다.

각각의 ASB(FE)단면에 대해 【표 6.2】의 모멘트내력은 계산에 사용된 상이한 슬래브유효폭(스팬의 1/8)에 따라 미소하게 변한다. (ASB프로그램 사용자들은 극한상태에서 모멘트내력이 【표 6.2】의 값과 미소한 차이가 발생함을 발견할 것이다.) 이것은 단면의 비틀림과 직교휨의 상호작용에 의한 것이다. 【표 6.2】의 하중비는 화재한계상태의 모멘트내력을 극한한계상태의 모멘트 내력으로 나누어서 구한다. 설계는 자주 사용성 요건에 대해 결정되므로 화재조건이 설계를 지배하지는 않는다. 따라서 화재한계상태에서 모멘트 내력에 약간의 여유가 있는 것이 보통이다.

6.6. 화재시 전단내력과 중공부재 상세

화재상태에서 5.2절에서 논의한 강성이 작은 지지조건에 대한 배려가 필요하다. ASB와 중공단면의 구조성능은 일반조건에서보다 화재시 매우 크게 감소될 수 있다. 이것은 화재시 발생하는 ASB의 큰 처짐과 휨 변형 때문이다. 이러한 요인에 의한 조기파괴는 일반조건에서와 같이, PC부재의 단부전단력을 제한함으로써 방지될 수 있다.

화재시(화재저감하중계수 사용) 중공부재 단부에 작용하는 전단력이 $0.20V_{Rd}$ 이하면(V_{Rd}는 제작자가 제공하는 중공부재의 전단내력) 【표 6.3】의 상세요구사항을 적용할 수 있다. 이 값들은 IPHA/ECCS도서[25]의 초기지침에 따른것이다.

긴결철근 상세는 【그림 6.2】과 같다. 화재시 특별상세 긴결철근이 요구되면 (메쉬에 부가적으로) 철근은 부재당 최소 2개를 배치한다.(매 600mm마다 철근이 사용되는 폭 1.2m부재는 예외) 추가 긴결철근의 최소직경은 10mm이다. 최소 콘크리트토핑은 50mm이며, 균열제어(온도) 철근 요건에 따른다. 그러나 설계자는 상온에서의 일반설계(4.3절 참조)에서 인정되는 한계합성작용이 가능하게 하기 위해 최소 A142의 메쉬를 규정할 수 있다. 메쉬면적이 $252mm^2/m$ 이상인 경우, 휨의 연속성이 고려될 수 있다.

내화성능 30 또는 60분이 요구되는 ASB단면의 경우, 중공부재단부는 코어

두께와 동일한 공칭거리만큼 콘크리트를 채워야 한다(【그림 6.2】(a)). 30분 내화성능에 대해 추가적인 배근은 요구되지 않지만 강건성 요구조건에 따라 필요할 수도 있다. (4.10절 참조) 90분 내화성능이 요구되는 피복된 보에서 긴결철근은 보의 피복여부에 따라(【그림 6.2】(b)) 부재사이 조인트 또는 부재의 중공부에 사용되어야 한다. 이러한 철근들은 보의 형상에 따라 직선 또는 경사지게 되며, 부재의 단부에 최소 1.2m만큼 매립되어야 한다. 또한 중공부재의 단부는 중공두께와 동일한 공칭길이만큼 콘크리트로 충전되어야 한다.

120분 내화성능이 요구되는 ASB단면은 철근이 45도로 철골상부 위로 굽어 부재의 단부로부터 최소 600mm 정도 매립되어야 한다. (【그림 6.2】(c)) 다른 방법으로, 일반적인 강구조에서와 같이 (【그림 6.2】(b)) L-철근을 사용할 수도 있다. 그러나 이 경우, 철근은 보의 웨브 개구부를 관통시켜야 한다.

6.7. ASB단면의 내화피복

60분 이상의 내화성능이 요구되는 경우 노출 ASB단면의 하부플랜지는 일반적으로 내화보드, 내화뿜칠, 내화페인트에 의해 보호될 수 있다. 내화보드의 경우 내화핀을 사용하여 PC부재에 직접 부착한다.

【표 6.3】 화재한계상태에서 중공부재의 상세설계 요구사항

내화시간 (분)	선택사항	긴결철근	콘크리트 토핑	작용 전단력 $\leq 0.2V_{Rd}$	비고
내화피복된 보 (보의 온도 ≤ 650°C)					
30	-	No	No	No	참고 a.
60	1	No	No	No	춤 ≤ 265mm & 참고 a.
	2	In PCU joints	No	No	
	3	No	Yes	No	접합부 또는 코어 긴결
90	-	In PCU joints	No	No	토핑은 선택
120	-	In PCU cores	Yes	No	서스펜션 저항
무내화 피복 보 (보의 온도 〉 650°C)					
30	-	No	No	No	참고 a.
60	1	No	No	Yes	춤 ≤ 265 mm & 참고 a.
	2	In PCU joints	No	No	
	3	No	Yes	No	접합부 또는 코어 긴결
90	-	In PCU cores	No	Yes	토핑은 선택
120	-	In PCU cores	Yes	Yes	서스펜션 저항

+ 강재 보 또는 강재 보로 둘러싸인 콘크리트 보로 보호받는 화재는 중공 코어 부분에서의 독립된 지점을 제공 한다.

a. 이 경우, 효과적인 긴결은 강재 구조물의 세 방향을 통해서 이루어져야한다. 만약 이것이 만족하지 못하면 옵션 2 또는 3의 바닥 슬래브를 통해서 이루어져야 한다.

내화피복에 요구되는 두께는 단면계수($1/t_b$) (여기서 t_b는 하부플랜지의 두께 단위는 미터)를 사용하여 ASFPCM/SCI도서설계표[27]로부터 구할 수 있다. 이러한 방법으로 구한 두께는 안전측이지만 상세정보는 제작자로부터 얻을 수 있다. 단면계수(H_p/A)가 일반철골부재에 비해 상대적으로 낮기 (〈 $50m^{-1}$) 때문에 통상 최소한의 공칭 피복 두께로써 충분한 경우가 대부분이다.

대부분의 내화재료들은 한계온도 550℃ 또는 620℃에서 평가된다. ASB단면은 일반적으로 이보다 훨씬 높은 한계온도에서 작용하중에 저항할 수 있고, 이 경우 내화 피복 두께를 저감시킬 수 있다

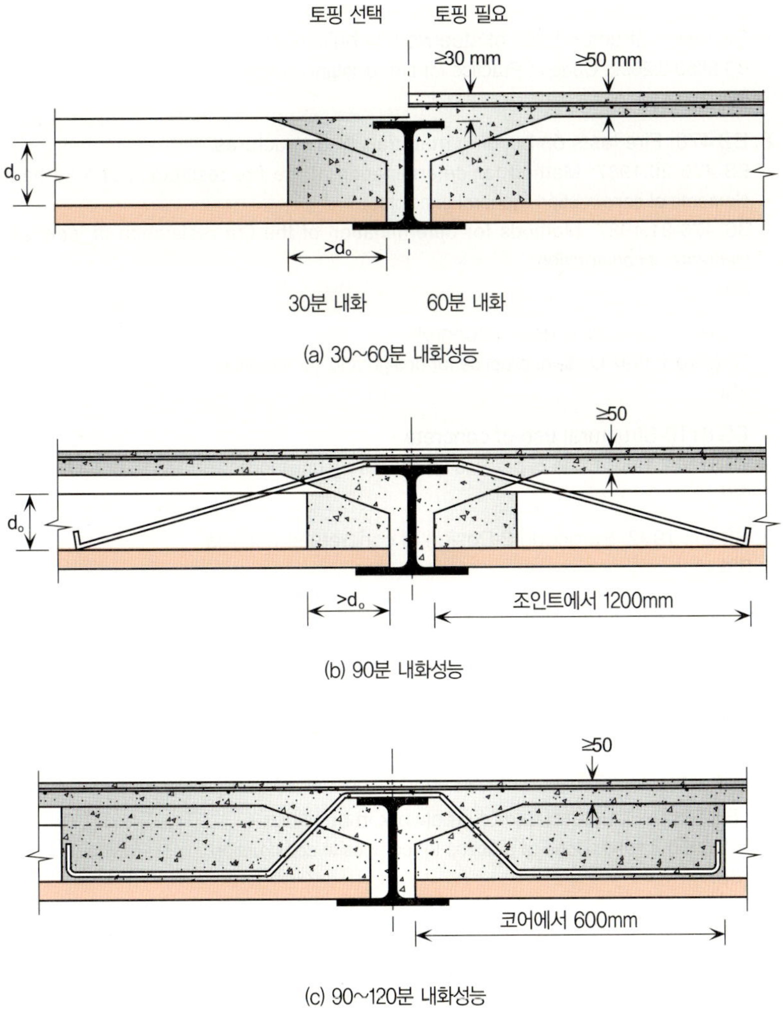

【그림 6.2】 ASB단면과 사용되는 중공부재의 내화성능

참고문헌

1. HICKS, S. J., and LAWSON, R. M.
   Design of composite beams using precast concrete Slabs (P287)
   The Steel Construction Institute, 2003

2. MULLET, D. L.
   Slim floor design and construction (P110)
   The Steel Construction Institute, 1992

3. MULLETT, D. L.
   Design of RHS *Slimflor*® Edge Beams (P169)
   The Steel Construction Institute, 1997

4. BS 5950: Structural use of steelwork in buildings
   BS 5950 1:2000: Code of practice for design. Rolled and welded sections
   BSI

5. BS 5950: Structural use of steelwork in buildings
   BS 5950 8:2002: Code of Practice for fire resistant design
   BSI

6. BS 476: Fire tests on building materials and structures
   BS 476-20:1987: Method for determination of the fire resistance of load bearing elements of construction (general principles)
   BS 476-21:1987: Methods for determination of the fire resistance of loadbearing elements of construction
   BSI

7. BS 8110 Structural use of concrete
   BS 8110 1:1997 Code of practice for design and construction
   BSI

8. BS 8110 Structural use of concrete
   BS 8110 2:1985: Code of practice for special circumstances
   BSI

9. BS EN 1992: Eurocode 2 Design of concrete structures
   BSI

10. LAWSON, R. M., MULLETT, D. L. and RACKHAM, J. W.
    Design of Asymmetric *Slimflor*® Beams using deep composite decking (P175)
    The Steel Construction Institute, 1997

11. BS EN 10025-1:2004 Hot rolled products of non-alloy structural steels.
    Technical delivery conditions
    BSI

12. BS 5950: Structural use of steelwork in buildings
    BS 5950 3:1990: Code of practice for composite construction
    BSI

13. RACKHAM, J. W.
    The design of haunched composite beam frames for buildings
    PhD Thesis, Department of Civil Engineering, City University, 1992

14. NETHERCOT, D. A., SALTER, P. R. and MALIK, A. S.
    Design of members subject to combined bending and torsion (P057)
    The Steel Construction Institute, 1989

15. WYATT, T. A.
Design guide on the Vibration of Floors (P076)
The Steel Construction Institute, 1989

16. AD 256: Design Considerations for the vibration of floors - Part 3
www.steelbiz.org

17. BS 6399: Loading for buildings
BS 6399 1:1996: Code of practice for dead and imposed loads
BSI

18. *Slimdek* Manual
Corus Construction and Industrial, 2003

19. MALIK, A. S. (Editor) Joints in Steel Construction: Simple Connections (P212)
The Steel Construction Institute, 2002

20. Joints in Steel Construction: Moment Connections (P207)
The Steel Construction Institute, 1995

21. Building Regulations 2000:
Approved Document A, Structure
The Stationery Office, 2004

22. Precast Flooring Federation (PFF) - web site
www.pff.org.uk

23. PAJARI, M. and KOUKKARI, H.
Shear resistance of PHC slabs supported on beams. I: Tests
ASCE Journal of Structural Engineering, Vol.124, No.9, September 1998

24. PAJARI, M.
Shear resistance of PHC slabs supported on beams. II: Analysis
ASCE Journal of Structural Engineering, Vol.124, No.9, September 1998

25. Guidelines for the application of prestressed hollow core slabs supported on built-in beams
IPHA/ECCS, No. 103, April 1998

26. MULLET, D. L., and LAWSON, R. M.
Slim floor construction using deep decking (P127)
The Steel Construction Institute, 1992

27. Fire protection for structural steel in buildings (3rd Edition)
(Current edition available as a free download from asfp.associationhouse.org.uk)
ASFP, SCI, FTSG, 2004

28. Steelwork design guide to BS 5950 1:2000, Volume 1:
Section properties and member capacities, 6th edition (P202)
The Steel Construction Institute, and The British Constructional Steelwork Association, 2001

부록 A
적용 예제 ①

"다음 예제는 시공유형 A 250mm 두께의 중공 PC 부재를 지지하는 6m 경간의 ASB단면 설계를 수행한 것이다. 중공 PC 부재의 경간 길이는 보로부터 한쪽은 7.5m이며, 다른 반대 쪽은 3.75m이다. 이 문제는 ASB에 상당한 비틀림이 야기되는 사례로서 이런 설계 조건에서 검토되어야 하는 사항을 서술한다.
이 보는 3층 주거건물의 바닥 구조를 지지하는 것으로 가정한다."

⬇ 이 예제는 다음과 같은 사항을 고려한다.

- 시공 단계 상의 ASB 설계
- 사용하중 조건의 ASB 설계
- 화재한계상태에서의 설계
- 사용성 조건

⬇ 주요 검토 사항으로는 다음과 같은 것들이 있다.

- 사용단계에서 최대 하중
- 사용단계에서 적재 하중의 부분 재하 효과
- 적재 하중의 부분 재하 상태의 사용성 및 회전 변형

PC 중공 부재를 가지는 ASB의 설계

시공유형A (콘크리트 토핑이 없는 경우)

전체 부재 배치

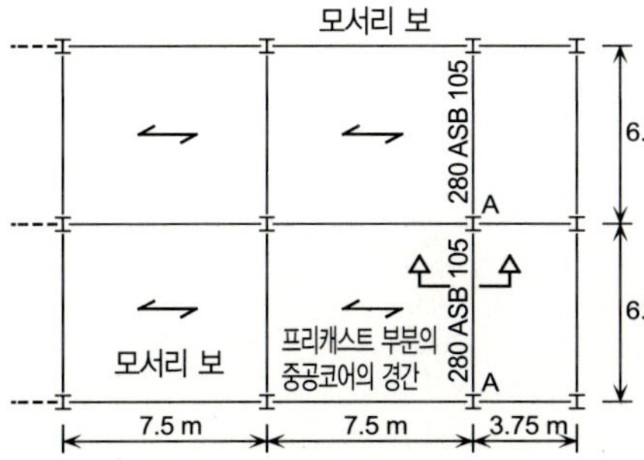

<평면>

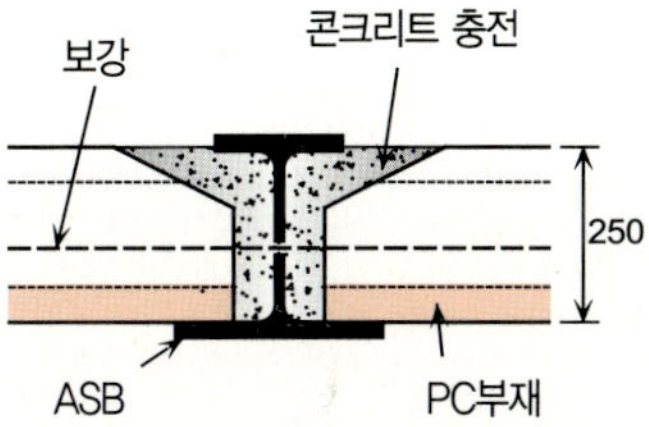

<단면>

보 A-A에 대한 설계 조건

일반 사항

보의 경간	6.0 m
보 사이 간격 (PC 부재의 경간)	한 쪽 7.5m, 다른 한 쪽 3.75m
철골 단면 (등급 S355)	280 ASB 105
단면 무게	105 kg/m
	$105 \times \frac{9.81}{10^3} = 1.03$ kN/m

부재 조건

춤	250 mm	중공	9개
부재 너비	1200 mm	자중	3.3 kN/m²

※주 : - PC부재는 시공성을 위해 단부를 깎거나 노치를 설치하여야 한다. (본서의 3.3절 을 참조하라.)

- 동바리 없는 (무지보공) 시공을 가정.

부록

하중 조건

	kN/m²		kN/m²
고정하중 – 천장 및 설비	0.10	적재 하중 – 바닥 적재	2.5
바닥 마감재	0.40	간막이	1.0
PC 부재	3.30		
= 0.10+0.40+3.30	3.80	= 2.5+1.0	3.5

	kN/m		kN/m²
보 자중	1.03	시공상 하중	0.5

▶ SCI P202[28]

ASB 단면 치수

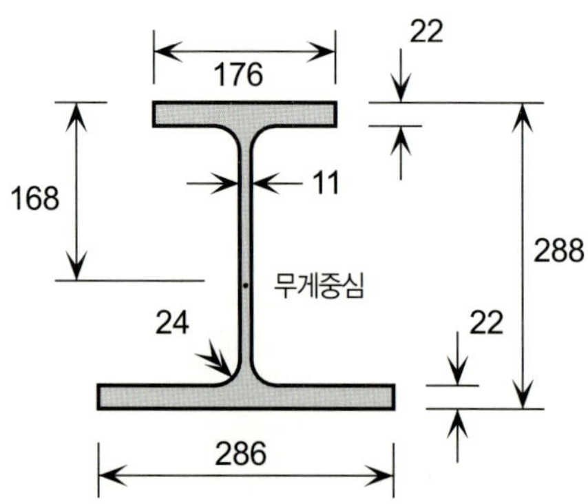

강재 단면 특성

(상부플랜지로부터 떨어진)중립축의 위치	y_e	168 mm
강축 단면 2차 모멘트	I_x	19200 cm⁴
약축 단면 2차 모멘트	I_y	5300 cm⁴
단면2차 반경	r_y	6.3 cm
비틀림 상수	J	207 cm⁴
단면 계수(상단)	Z_x	1150 cm³
소성 단면 계수	S_x	1440 cm³
단면적	A	133 cm²
워핑 상수	H	574,000 cm⁶
좌굴 변수	u	0.83
비틀림 지표	x	12.1

▶ BS 5950-1[4] 3.1.1절

소성 설계 강도 = 345 N/mm² (T≥16 mm인 경우)
단면은 등급1에 해당된다. (소성)

횡방향 휨

횡방향 휨과 다른 효과들의 상호작용은 ASB 단면에서는 크지 않으므로 계산에서 무시한다.

◀ 본서의 4.6절

시공 단계

시공하중 조건 1 : PC부재와 시공 하중이 보의 한 쪽에만 작용하는 경우

◀ 본서의 4.1절

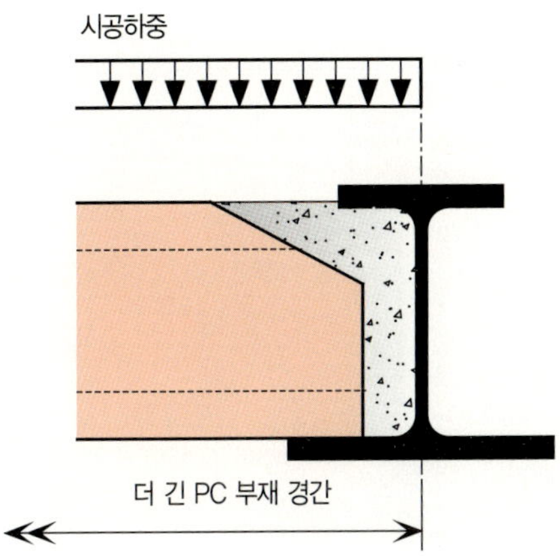

PC부재와 시공하중이 보의 한쪽 측면에만 작용하므로 ASB단면에 비틀림이 발생한다.

◀ 본서의 3.2.3절

ASB 단면설계에 있어서 40mm의 걸침길이(지압길이)를 사용한다.

설계 하중		kN
PC부재	= (1.4×3.3)×6.0×7.5/2	= 104.0
시공 하중	= (1.6×0.5)×6.0×7.5/2	= 18.0
	= 104.0+18.0	= 122.0
보의 자중	= (1.4×1.03)×6.0	= 8.7

ASB 단면은 6m 경간에 걸쳐서 휨 구속되지 않은 것으로 고려한다.

횡비틀림좌굴 검토 – 휨과 비틀림 조합 응력

◀ 본서의 4.7절

SCI 출간물 P057[14]

상호작용 공식 검토

$$\frac{M_x m_{LT}}{M_b} + \left\{\frac{(\sigma_{byT} + \sigma_w)}{p_y}\right\}\left\{1 + \frac{0.5 M_x m_{LT}}{M_b}\right\} \le 1$$

작용 모멘트와 비틀림

전체 하중	$= 122.0+8.7$	$= 130.7$kN
강축 작용 모멘트(M_x)	$= 130.7 \times \frac{6.0}{8}$	$= 98.0$kNm
비틀림에 대한 팔거리	$= \frac{286-40}{2}$	$= 123$mm
작용 비틀림 모멘트(T_q)	$= 122.0 \times \frac{123}{10^3}$	$= 15.0$kNm

▶ BS 5950-1[4] 4.3.6절

단면의 좌굴 내력 산정, M_b

$M_b = p_b \times S_x$

여기서 $p_b = f(\lambda_{LT})$

▶ BS 5950-1 【표 18】

등가 등분포 모멘트 계수, m_{LT}

하중은 불안정을 초래하지 않는다.

∴ 등분포 하중 에 대하여, $m_{LT} = 0.925$

등가 세장비, λ_{LT}

$\lambda_{LT} = u\nu\lambda\sqrt{\beta_w}$, 여기서 $\beta_w = 1.0$(등급 1 소성강도)

약축 세장비, λ

$\lambda =$ 좌굴 변수, $\frac{L_E}{r_y} \times \frac{6000}{6.3 \times 10} = 95.2$

좌굴변수, $u = 0.83$

▶ Sheet 2

세장 계수, ν

$$\nu = \frac{1}{[(4\eta(1-\eta)+0.05(\lambda/x)^2+\psi^2)^{0.5}+\psi]^{0.5}}$$

플랜지 비, η

$$\eta = \frac{I_{yc}}{I_{yc}+I_{yt}}$$

$$I_{yc} = \frac{T_t \times B_t^3}{12} = \frac{22 \times 176^3}{12 \times 10^4} = 999 \text{ cm}^4$$

$$I_{yt} = \frac{T_b \times B_b^3}{12} = \frac{22 \times 286^3}{12 \times 10^4} = 4289\ \text{cm}^4$$

$$\therefore \eta = \frac{999}{(999+4289)} = 0.189$$

$0.1 \leq \eta \leq 0.9$ 이므로,
$\psi = k_n(2\eta - 1)$
$\eta < 0.5$, $k_n = 1.0$ 이므로,
$\psi = 1(2 \times \eta - 1) = 1(2 \times 0.189 - 1) = -0.622$ ◀ Sheet 2
비틀림 지표, $x = 12.1$

$$\therefore \nu = \left\{\left[4 \times 0.189(1-0.189) + \frac{1}{20}\left(\frac{95.2}{12.1}\right)^2 + 0.662^2\right]^{1/2} - 0.622\right\}^{-1/2} = 0.845$$

등가 세장비
$\lambda_{LT} = u\nu\lambda = 0.83 \times 0.845 \times 95.2$
$\therefore \lambda_{LT} = 66.7$

BS 5950-1의 【표 16】으로부터 ◀ BS 5950-1[4] 【표 16】
$p_b = 229\ \text{N/mm}^2$ ($p_y = 345$)

좌굴 저항 능력, M_b
$M_b = S_x \times p_b = 1440 \times 10^3 \times 229/10^6$
$\therefore M_b = 329\ \text{kNm}$

비틀림 변수

$$a = \left(\frac{EH}{GJ}\right)^{0.5}$$

여기서 $E/G = 205/78.8 = 2.6$
$H = 574{,}000\ \text{cm}^6$ ◀ Sheet 2

$$\therefore a = \left(\frac{2.6 \times 574{,}000 \times 10^6}{207 \times 10^4}\right)^{0.5} = 849\ \text{mm}$$

$$L/a = \frac{6000}{849} = 7.07$$

본서의 【표 4.1】를 참조하거나 SCI-p175의 부록 B.5에 제시된 그래프를 사용하여 $\varphi GJ/T_q a = 0.75$ ◀ SCI-P175[10]

$$\therefore \varphi'' = \frac{0.75\times15.0\times10^6\times849}{78.8\times10^3\times207\times10^4} = 5.86\times10^{-2}\ \text{rads}$$

$$\varphi''\ GJa/T_q = -0.134$$

$$\therefore \varphi'' = \frac{-0.134\times15.0\times10^6}{78.8\times10^3\times207\times10^4\times849} = -14.5\times10^{-9}\ \text{rads/mm}^2$$

단면의 비대칭성으로 인해 상부플랜지의 상호 작용이 지배할 것임은 시각적으로도 당연하다.

상부플랜지에 작용하는 약축 방향의 휨 모멘트, σ_{byT}

$$M_{yT} = M_x\varphi = 98\times5.86\times10^{-2}$$

$$\therefore M_{yT} = 5.74\ \text{kNm}$$

상부플랜지에 작용하는 약축 방향의 휨 응력

$$\sigma_{byT} = \frac{M_{yT}}{Z_y},\ \text{여기서}\ Z_y = I_y/y = \frac{5300\times10^4}{176/2} = 602\times10^3\ \text{mm}^3$$

$$\therefore \sigma_{byT} = \frac{5.74\times10^6}{602\times10^3} = 9.5\ \text{N/mm}^2$$

무게 중심으로부터 전단 중심까지의 거리, y_o

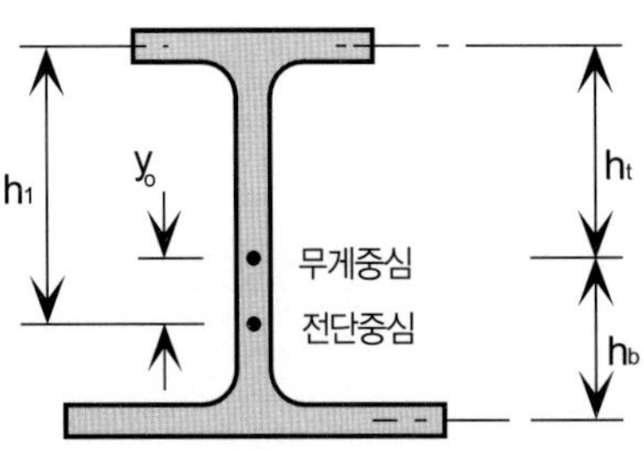

$$y_o = \frac{h_b I_{yt} - h_t I_{yc}}{I_{yt}+I_{yc}}$$

$$h_t = 168 - \frac{22}{2} = 157\ \text{mm}$$

▶ SCI P202[28] Sheet 4

$$h_b = 288 - 168 - \frac{22}{2} = 109\ \text{mm}$$

$I_{yc} = 999\ \text{cm}^4$ 그리고 $I_{yt} = 4289\ \text{cm}^4$

$$\therefore y_o = \frac{109 \times 4289 - 157 \times 999}{4289 + 999} = 59 \text{ mm}$$

정규화된 워핑 함수, W_{no}

$$W_{no} = \frac{B_t h_1}{2}$$

$$h_1 = h_t + y_o = 157 + 59 = 216 \text{ mm}$$

$$\therefore W_{no} = \frac{176 \times 216}{2} = 19010 \text{ mm}^2$$

워핑 응력, σ_w

$$\sigma_w = EW_{no} |\varphi''|$$

$$\therefore \sigma_w = 205 \times 10^3 \times 19010 \times 14.5 \times 10^{-9} = 56.5 \text{ N/mm}^2$$

좌굴식에 대한 표현식에 이 값들을 대입하면,

$$\frac{98 \times 0.925}{329} + \left(\frac{9.5 + 56.5}{345}\right)\left(1 + \frac{0.5 \times 98 \times 0.925}{329}\right) = 049 < 1$$

$\therefore$ OK

◀ OK

본서의 4.7절

국부 내력 검토(압축 플랜지에서의 조합 응력) – 휨과 비틀림의 조합 응력

$$\sigma_{bx} + \sigma_{byT} + \sigma_w \leq p_y$$

$$\sigma_{bx} = \frac{M_x}{Z_x} = \frac{98 \times 10^3}{1150} = 85.2 \text{ N/mm}^2$$

$$85.2 + 9.5 + 56.5 = 151.2 \text{ N/mm}^2$$

국부 응력 검토 : $\frac{151.2}{345} = 0.44 < 1$

$\therefore$ OK

◀ OK

시공하중 조건 1에 대해 좌굴과 국부 내력은 충분하다.(회전에 의해 발생되는 상부플랜지의 수평 변위에 대한 검토는 계산쉬트 15를 참조하시오.)

◀ 시공조건 (i) OK

시공 하중 조건 2 : 양쪽으로 PC부재가 있으며, 시공하중은 한쪽에만 가해진 경우

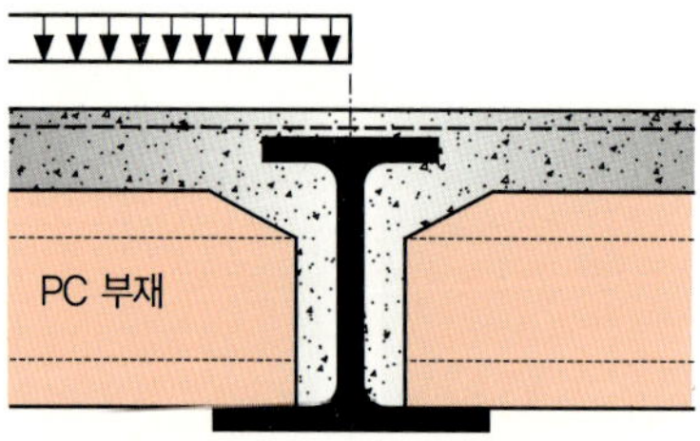

PC부재는 보의 양쪽에 설치되며 한쪽에만 시공 하중이 재하된다. 이것은 ASB단면에 휨과 비틀림을 유발한다.

설계 하중(측면A)		kN
PC부재	= (1.4×3.3)×6.0×7.5/2	= 104.0
시공 하중	= (1.6×0.5)×6.0×7.5/2	= 18.0
	= 104.0+18.0	= 122.0

설계 하중(측면B)		kN
PC부재	= (1.4×3.3)×6.0×3.75/2	= 52.0
보의 자중	= (1.4×1.03)×6.0	= 8.7

ASB 단면은 횡방향으로 구속되어 있지 않다.

횡비틀림좌굴 검토 – 휨과 비틀림의 조합 응력

좌굴 상호작용식 검토

$$\frac{M_x m_{LT}}{M_b} + \left\{\frac{(\sigma_{byT} + \sigma_w)}{p_y}\right\}\left\{1 + \frac{0.5 M_x m_{LT}}{M_b}\right\} \leq 1.0$$

전체 하중 = 122.0+52.0+8.7 = 182.7 kN

강축 방향 작용 모멘트, $M_x = 182.7 \times \dfrac{6}{8} = 137.0$ kNm

작용 비틀림 모멘트, $T_q = (122.0 - 52.0) \times \dfrac{123}{10^3} = 8.61$ kNm

이전 계산으로부터, $M_b = 329$ kNm

$m_{LT} = 0.925$ ◀ Sheet 5

$L/a = 7.07$ Sheet 4

Sheet 5

$\varphi GJ/T_q a = 0.75$

$$\therefore \varphi = \frac{0.75\times 8.61\times 10^6\times 849}{78.8\times 10^3\times 207\times 10^4} = 3.36\times 10^{-2}\ \text{rad}$$

$\varphi'' GJa/T_q = -0.134$

$$\therefore \varphi'' = \frac{-0.134\times 8.61\times 10^6}{78.8\times 10^3\times 207\times 10^4\times 849} = -8.33\times 10^{-9}\ \text{rad/mm}^2$$

상부플랜지에 발생한 약축 방향의 휨모멘트, M_{yT}

$M_{yT} = M_x\phi = 137.0\times 3.36\times 10^{-2}$

$\therefore M_{yT} = 4.6$ kNm

상부플랜지의 약축 방향 휨 응력, σ_{byT}

$$\sigma_{byT} = \frac{M_{yT}}{Z_y} = \frac{4.6\times 10^6}{602\times 10^3} = 7.6\ \text{N/mm}^2$$

워핑 응력, σ_w

이전 계산으로부터

$\therefore W_{no} = 19010\ \text{mm}^2$ ◀ Sheet 6

$\therefore \sigma_w = 205\times 10^3\times 19010\times 8.33\times 10^{-9} = 32.5\ \text{N/mm}^2$

좌굴식에 이 값을 대입하면,

$$\frac{137.0\times 0.925}{329} + \left[\frac{7.6+32.5}{345}\right]\left[1+\frac{0.5\times 137.0\times 0.925}{329}\right] = 0.52 < 1$$

$\therefore$ OK ◀ OK

국부 내력 검토(압축 플랜지에서의 조합 응력) – 휨과 비틀림의 조합 응력

$\sigma_{bx} + \sigma_{byT} + \sigma_w \leq p_y$

$$\sigma_{bx} = \frac{M_x}{Z_x} = \frac{137.0\times 10^6}{1150\times 10^3} = 119.1\ \text{N/mm}^2$$

부록

전체 응력 = 119.1 + 7.6 + 32.5 = 159.2 N/mm²

▶ OK

국부 능력 검토 : $\frac{159.2}{345} = 0.46 < 1.0$ ∴ OK

▶ 시공조건(ii) OK

시공하중 조건 2에 대해 좌굴과 강도는 충분하다.
이 경우 비틀림이 지배적이지 않음은 시각적으로(구조 상식으로도) 자명하다.

시공 하중 조건 3 : 최대 하중

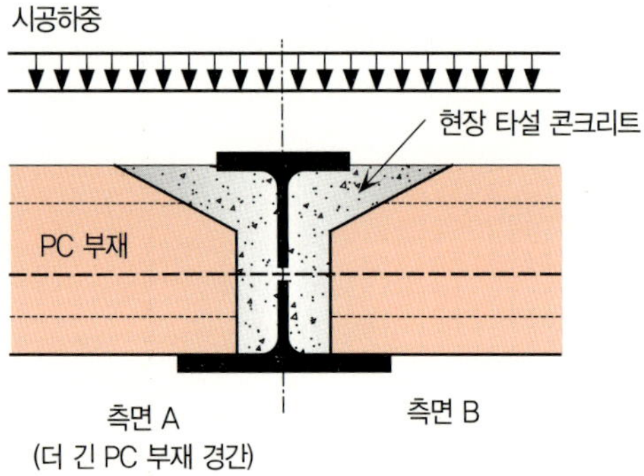

PC 부재와 시공하중이 보의 양측면에 놓인다. 이 경우, PC부재의 경간 길이가 다르므로 ASB단면에 휨과 비틀림이 발생한다.

▶ Sheet 7

설계 하중(측면A)	이전 계산으로부터,	kN
PC부재	= (1.4×3.3)×6.0×7.5/2	= 104.0
시공 하중	= (1.6×0.5)×6.0×7.5/2	= 18.0
	= 104.0+18.0	= 122.0

설계 하중(측면B)	이전 계산으로부터,	kN
PC부재	= (1.6×0.5)×6.0×3.75/2	= 9.0 / 61.0
보의 자중		= 8.7
전체 하중	= 122.0+61.0+8.7	= 191.7

ASB 단면은 횡방향으로 구속되어 있지 않다.

횡비틀림좌굴 검토 – 휨과 비틀림의 조합 응력에 대해

강축 방향 작용 모멘트, $M_x = \frac{191.7 \times 6.0}{8} = 143.8$ kNm

작용 비틀림 모멘트, $T_q = (122.0-61.0) \times \frac{123}{10^3} = 7.5 \text{ kNm}$

이 하중들은 시공하중 조건(ii)와 거의 차이가 없기 때문에 구조 상식상 본 하중 조건이 지배적이지 않은바, 추가검토는 불필요하다.

◀ 시공조건(iii) OK

시공하중 조건3에 대해 ASB는 적합하다.

사용 단계

사용하중 조건 1 – 적재하중 부분 재하 효과

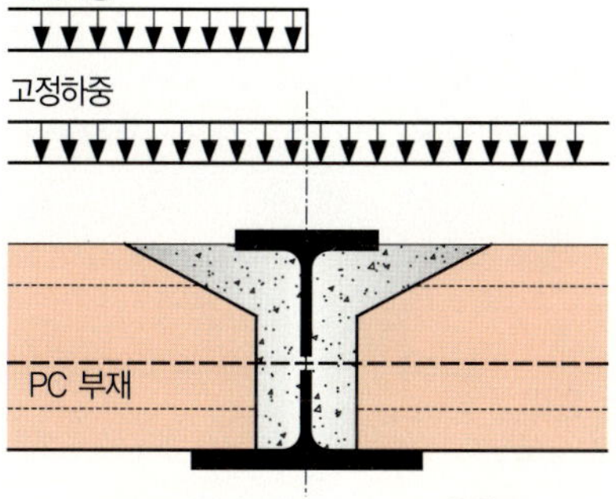

PC부재와 ASB단면의 양측에 부가되어진 고정하중(천장, 설비, 그리고 바닥마감재). 오직 한쪽 측면에만 적재 하중이 부분 재하된다.(PC부재 스팬이 긴 쪽)

이 하중조건이, ASB 단면에 최대 비틀림을 발생시킨다.

단면이 상부플랜지까지 매립되기 때문에 보는 횡비틀림좌굴에 대하여 횡구속되어졌다고 가정할 수 있다.

설계 하중(측면A)		kN
PC부재	$= (1.4\times3.3)\times6.0\times\frac{7.5}{2}$	= 104.0
천장 및 설비	$= (1.4\times0.1)\times6.0\times\frac{7.5}{2}$	= 3.2
바닥마감재	$= (1.4\times0.4)\times6.0\times\frac{7.5}{2}$	= 12.6
	= 104.0+3.2+12.6	= 119.8
적재 하중	$= (1.6\times3.5)\times6.0\times\frac{7.5}{2}$	= 126.0
	= 119.8+126.0	= 245.8

설계 하중(측면B)		kN
PC부재	$= (1.4\times3.3)\times6.0\times\frac{3.75}{2}$	= 52.0
천장 및 설비	$= (1.4\times0.1)\times6.0\times\frac{3.75}{2}$	= 1.6
바닥마감재	$= (1.4\times0.4)\times6.0\times\frac{3.75}{2}$	= 6.3
	= 52.0+1.6+6.3	= 59.9
보의 자중	= (1.4×1.03)×6.0	= 8.7
전체 하중	= 245.8 + 59.9 + 8.7	= 314.4

횡비틀림좌굴 검토 – 휨과 비틀림이 조합된 하중

ASB 단면은 횡적비틀림좌굴에 대해 구속되어 있으므로 검토가 불필요하다.

국부 내력 검토(압축 플랜지에서의 조합 응력) – 휨과 비틀림의 조합 응력

강축 작용 모멘트, $M_x = 314.4\times\frac{6.0}{8} = 235.8$ kNm

작용 비틀림 모멘트, $T_q = (245.8\times59.9)\times\frac{123}{10^3} = 22.9$ kNm

▶ Sheet 5 이전 계산으로부터, $\varphi GJ/T_q a = 0.75$

$$\varphi = \frac{0.75\times22.9\times10^6\times849}{78.8\times10^3\times207\times10^4} = 8.94\times10^{-2}\ \text{rad}$$

$$\varphi'' = \frac{-0.134\times22.9\times10^6}{78.8\times10^3\times207\times10^4\times849} = -22.2\times10^{-9}\ \text{rad/mm}^2$$

상부플랜지에 발생되어진 약축 방향의 휨

$M_{yT} = M_x\varphi = 235.8\times8.94\times10^{-2} = 21.1$ kNm

상부플랜지의 약축 방향 휨 응력

$$\sigma_{byT} = \frac{M_{yT}}{Z_{y(\text{top flange})}} = \frac{21.1\times10^6}{602\times10^3} = 35.0\ \text{N/mm}^2$$

워핑 응력

$\sigma_w = EW_{no}|\varphi''| = 205\times10^3\times19010\times22.2\times10^{-9} = 86.5\ \text{N/mm}^2$

강축방향의 휨응력

$$\sigma_{bx} = \frac{M_x}{Z_{x(top)}} = \frac{235.8 \times 10^6}{1150 \times 10^3} = 205.0\ \text{N/mm}^2$$

국부 내력 검토

$\sigma_{bx} + \sigma_{byT} + \sigma_w \leq p_y$

$205.0 + 35.0 + 86.5 = 326.5\ \text{N/mm}^2$

검토 : $\frac{326.5}{345} = 0.95 \quad \therefore \text{OK}$ ◀ OK

사용 상태 하중조건 1에 대해 ASB는 적합하다. ◀ 사용상태 조건(i) OK

※ 사용하중 상태에서 적재하중 부분재하에 따른 회전 변형 검토는 계산쉬트 16 참조

완공 단계 하중 유형 2 – 사용상태에서의 최대 하중

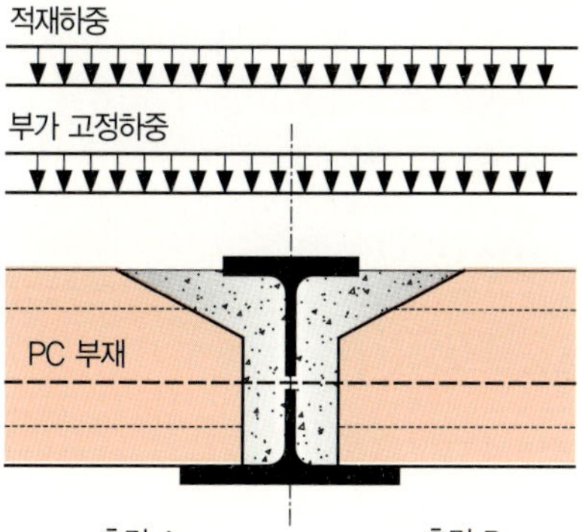

ASB단면 양측으로 PC부재, 부가 고정하중 그리고 적재 하중이 작용하는 경우, 보는 횡구속 되어졌다고 가정한다.

◀ Sheet 7

설계 하중(측면A)		kN
PC부재		= 104.0
천장 및 설비		= 3.2
바닥마감재		= 12.6
	= 104.0+3.2+12.6	= 119.8
적재 하중		= 126.0
	= 126.0+245.8	= 245.8

설계 하중(측면B)		kN
PC부재		= 52.0
천장 및 설비		= 1.6
바닥마감재		= 6.3
	= 52.0+1.6+6.3	= 59.9
적재하중	$= (1.6\times3.5)\times6.0\times\frac{3.75}{2}$	= 63.0
	= 59.9+63.0	= 122.9
보의 자중		= 8.7
전체 하중	= 245.8+122.9+8.7	= 377.4

횡비틀림좌굴 검토 - 휨과 비틀림의 조합된 하중

ASB 단면은 횡비틀림좌굴에 대하여 구속되어져 있으므로 이에 대한 검토는 불필요하다.

국부 내력 검토(압축 플랜지에서의 조합 응력)- 휨과 비틀림의 조합 응력

강축 작용 모멘트, $M_x = 377.4\times\frac{6.0}{8} = 283.1$ kNm

작용 비틀림 모멘트, $T_q = (245.8-122.9)\times\frac{123}{10^3} = 15.1$ kNm

▶ Sheet 5 이전 계산으로부터, $\varphi GJ/T_q a = 0.75$

$$\varphi = \frac{0.75\times15.1\times10^6\times849}{78.8\times10^3\times207\times10^4} = 5.90\times10^{-2}\ \text{rad}$$

$$\varphi'' = \frac{-0.134\times15.1\times10^6}{78.8\times10^3\times207\times10^4\times849} = -14.6\times10^{-9}\ \text{rad/mm}^2$$

상부플랜지의 약축 방향 휨 응력

$M_{yT} = M_x\varphi = 283.1\times5.90\times10^{-2} = 16.7$ kNm

약축 방향의 휨 응력

$$\sigma_{byT} = \frac{M_{yT}}{Z_{y(\text{top flange})}} = \frac{16.7\times10^6}{602\times10^3} = 27.8\ \text{N/mm}^2$$

워핑 응력

$\sigma_w = EW_{no}|\varphi''| = 205\times10^3\times19010\times14.6\times10^{-9} = 56.9$ N/mm^2

강축 방향의 휨응력

$$\sigma_{bx} = \frac{M_x}{Z_{x(top)}} = \frac{283.1\times10^6}{1150\times10^3} = 246.2\ \text{N/mm}^2$$

국부 내력 검토

$\sigma_{bx} + \sigma_{byT} + \sigma_w \le p_y$

$246.2 + 27.8 + 56.9 = 330.9\ \text{N/mm}^2$

검토 : $\frac{330.9}{345} = 0.96 \quad \therefore$ OK ◀ OK

ASB 단면 전단 내력 검토

최대 전단력(지점), F_v

$$F_v = \frac{W}{2} = \frac{377.4}{2} = 188.7\ \text{kN}$$

단면의 전단 저항 내력, P_v

$P_v = 0.6\ p_y A_v$

$A_v = D\times t = 288\times11 = 3168\ \text{mm}^2$

$\therefore P_v = 0.6\times345\times3168\times10^{-3} = 655.8\ \text{kN}$

검토 : $\frac{188.7}{655.8} = 0.29 < 1.0 \quad \therefore$ OK ◀ OK

PC 부재의 전단 내력 검토 (PC부재의 보다 긴 경간 길이)

◀ 본서의 5.2절

하중(측면B)		kN
천장 & 설비	$= (1.4\times0.1)\times\frac{7.5}{2}$	= 0.5
바닥 마감재	$= 1.4\times0.4\times\frac{7.5}{2}$	= 2.1
적재 하중	$= 1.6\times3.5\times\frac{7.5}{2}$	= 21.0
	= 0.5+2.1+21.0	= 23.6

※ 주 : PC부재의 자중은 PC제작업자의 전단내력 산정 과정에 반영되었으므로 무시함.

PC 부재의 저항능력

제작자 자료로부터 폭 1.2m 홈 250mm의(Bison사 생산) PC부재의 극한 단부 전단 내력 = 136.7 kN

전단 저항 내력, V_{RO}(PC 부재의 자중은 무시한다.) = $\frac{136.7}{1.2}$ = 113.9 kN/m

유연성 있는 지점에서 허용 전단 저항내력
= $0.35 \times V_{RO} = 0.35 \times 113.9 = 39.9$ kN/m

▶ OK

검토 : $\frac{23.6}{39.9} = 0.59 \leq 1.0$

휨 내력 검토

▶ 본서의 4.7.1절
▶ 사용상태 조건(ii) OK

휨 내력 검토는 좌우 PC부재의 경간 길이가 다를 경우 소성 이론에 근거한 검토이므로 지배적 조건이 아니다. 반면에 휨과 비틀림의 조합력에 대한 검토는 탄성 이론에 근거하기 때문에 더욱 불리한 조건이 된다.

∴ 완공 단계 유형 2는 만족스럽다.

사용성 검토(순수 강재 특성 사용)

시공단계 검토

시공 단계의 자중에 의한 처짐

하중	(양 측면 모두에 PC 부재가 존재)	kN
PC부재	= 3.3×6.0×(7.5+3.75)/2	= 111.4
보의 자중	= 1.03×6.0	= 6.2
	= 111.4+6.2	= 117.6

시공 후 강재보의 처짐 δ_c는 다음과 같다.

▶ 자중에 의한 처짐

$$\delta_c = \frac{5}{384}\frac{WL^3}{EI} = \frac{5 \times 117.6 \times 6000^3}{384 \times 205 \times 19200 \times 10^4} = 8.4 \text{ mm}$$

▶ OK

처짐 검토 : 8.4 mm 〈 경간/200 (= 30 mm) ∴ OK

시공 단계 수평 변위 검토

장 스팬 측 PC 부재만 놓여진 상태에서 검토.

비틀림 하중 = $3.3\times6.0\times\frac{7.5}{2}$ = 74.3 kN

토크, $T_q = 74.3\times123\times10^{-3} = 9.1$ kNm

(상부플랜지의 끝단으로부터) 전단 중심까지 거리

$= h_1 + T/2 = 216 + \frac{22}{2} = 227.0$ mm ◀ Sheet 6

회전각, φ
이전 계산에 의해서, $\varphi GJ/T_q a = 0.75$ ◀ Sheet 5

$$\therefore \varphi = \frac{0.75\times9.1\times10^6\times849}{78.8\times10^3\times207\times10^4} = 0.0355 \text{ rads}$$

수평변위 = $0.0355\times227.0 = 8.0$ mm

수평방향으로의 처짐 검토 8.0 〈 경간/500 = 13.4 mm ◀ 시공단계 수평방향 처짐 OK

사용상태에서의 사용성 처짐 및 회전 변형 검토

적재하중에 의한 처짐 검토

하중, $W = 3.5\times6.0\times(7.5 + 3.75)/2 = 118.1$ kN

$$\delta_c = \frac{5}{384}\frac{WL^3}{EI} = \frac{5\times118.1\times6000^3}{384\times205\times19200\times10^4} = 8.4 \text{ mm}$$

적재하중에 의한 처짐 검토 8.4 〈 경간/360 (= 18.6 mm) ◀ 적재하중에 의한 처짐 OK

전체 처짐 검토

부가 고정하중 = $(0.1+0.4)\times6.0\times(7.5+3.75)/2 = 16.9$ kN

부가 고정하중에 의한 처짐, δ_c

$$\delta_c = \frac{5}{384}\frac{WL^3}{EI} = \frac{5\times16.9\times6000^3}{384\times205\times19200\times10^4} = 1.2 \text{ mm}$$

처짐 = $8.4+8.4+1.2 = 18$ mm

검토 : 18.0 〈 경간/200(= 30 mm) ∴ OK ◀ 총 처짐 OK

◀ 본서의 4.8.2절

진동응답

바닥의 고유진동수 검토

고유진동수 계산에 사용되는 하중

▶ Sheets 15 와 16

= 자중 + (천장, 설비 그리고 바닥 마감재) + 10% * 적재 하중
= 117.6 + 16.9 + (118.1×10%)
= 146.3 kN

등분포 하중(Uniformly Distributed Load)으로 변환하면

$$= \frac{146.3}{6.0(7.5+3.75)/2} = 4.33 \text{ kN/m}^2$$

※ 주 : 이 계산에서 사용된 적재하중 비에 대한 설명은 본서 4.8.4.절에서 이미 논의함.

▶ 본서의 4.8.4절

즉시처짐, δ_{sw}

$$\delta_{sw} = \frac{wb}{384E}\left(\frac{5L^4}{I_b} + \frac{b^2}{I_{slab}}\right)$$

여기서,

- w : udl = 4.33 kN/m²
- b : 보 사이 간격 = 7.5m(가장 큰 바닥 패널)
- L : 보의 경간 길이 = 6.0m
- ▶ Sheet 2 — I_b : 보의 단면 2차 모멘트 = I_{xx} = 19200×104mm⁴
- I_{slab} : PC 부재의 단면 2차 모멘트 (시공방법A)

PC 부재는 250mm 두께의 중공이 충전된 비균열 보통 콘크리트 슬래브와 동일하다고 가정한다. 제작자로부터 주어진 자료가 없는 경우 텐던(긴장재)은 무시한다.

위의 가정은 매우 보수적인 것이다.

▶ 본서의 【표 4.2】

보통콘크리트의 동적 계수 = 5.4

$$\therefore I_{slab} = \frac{1000}{5.4} \times \frac{250^3}{12} = 24113 \times 10^4 \text{ mm}^4\text{/m (등가강재 환산값)}$$

$$\therefore \delta_{sw} = \frac{4.33 \times 7.5 \times 10^{-3}}{384 \times 205}\left(\frac{5 \times 6^4}{19200} + \frac{7.5^3}{24113}\right)\frac{10^{12}}{10^4} = 14.6 \text{ mm}$$

고유진동수, f_0

$$f_0 = \frac{18}{\sqrt{\delta_{sw}}} = \frac{18}{\sqrt{14.6}} = 4.7\ \text{Hz}$$

고유진동수는 바닥판에 대한 3.55 Hz 한계보다 더 크기 때문에 적절하다. ◀ 본서의 4.8.4절

N.B별도로 보의 고유진동수 검토는 불필요하다. ◀ 바닥진동 OK

반응계수 검토

바닥 전체의 응답을 산정하여 P076[15]에서 제시된 한계값과 비교/검토해야 하지만 지면의 제한으로 생략한다.

응력 검토

사용상태에서 영구변형이 발생하지 않음을 보증하기 위해 사용성 내력을 검토한다. 부분안전계수 1.0과 강재 단면의 탄성특성을 사용하여 검토를 수행한다.

최대하중에서의 응력

이 예제에서 최대하중 조건은, ASB 좌우 PC부재의 경간길이 차이로 인해 비틀림이 발생하는 경우이다. 이 경우 국부내력 검토는 극한 한계상태가 항상 설계를 지배하는데 이는 사용한계상태의 검토에 사용되는 탄성에 의한 검토가 그대로 적용되기 때문이다. 따라서 이 예제에서는 사용한계상태의 응력 검토가 불필요하다.

내화성능 검토

ASB 내화 검토

3층 주거용 건물은 적어도 60분 내화성능을 발현해야 한다. 시공유형A의 보는 내화피복 없이 단지 30분 내화성능만을 발현하므로 이 예제에서 보는 적절한 내화 피복을 해야만 한다.

PC부재의 내화검토 (긴 경간 길이를 가진 PC부재)

보가 60분 내화성능을 발현하도록 해야 하기 때문에 PC부재는 별다른 검토가 필요치 않다. ◀ 본서의 6.6절, 6.7절, 【표 6.3】

부록 B 적용 예제 ❷

"다음 예제는 시공유형A 250mm 두께의 중공 PC 부재를 지지하는 6m 경간의 ASB단면 설계를 수행한 것이다. 중공 PC 부재의 경간 길이는 보로부터 한쪽은 7.5m이며, 다른 반대 쪽은 3.75m이다. 이 문제는 ASB에 상당한 비틀림이 야기되는 사례로서 이런 설계 조건에서 검토되어야 하는 사항을 서술한다.
이 보는 3층 주거건물의 바닥 구조를 지지하는 것으로 가정한다.

⬇ 이 예제는 다음과 같은 사항을 고려한다.

- 시공 단계 상의 ASB 설계
- 사용하중 조건의 ASB 설계
- 화재한계상태에서의 설계
- 사용성 조건

⬇ 주요 검토 사항으로는 다음과 같은 것들이 있다.

- 사용단계에서 최대 하중
- 사용단계에서 적재 하중의 부분 재하 효과
- 적재 하중의 부분 재하 상태의 사용성 및 회전 변형"

PC 중공부재를 지지하는 ASB의 설계

시공유형B (콘크리트 토핑이 있는 경우)

일반적 배치

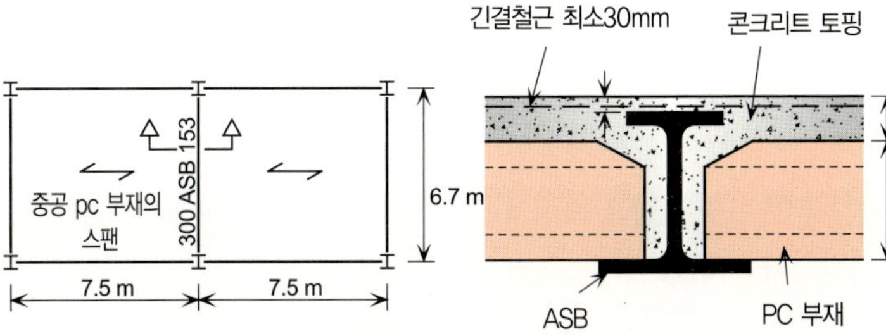

평면 단면

설계 조건

일반 사항

보의 경간 길이	6.7 m
보 사이 간격(PC 부재의 경간 길이)	양쪽 측면 모두 7.5m
강재단면 (등급 S355)	300 ASB 153
단면 무게	153 kg/m
	$\frac{153}{7.5} \times \frac{9.81}{10^3} = 0.2$ kN/m²
경량 콘크리트 등급 30	
콘크리트 밀도	1900 kg/m² (습식) 1800 kg/m² (건식)
콘크리트 토핑 (PC 부재)	66 mm
토핑 무게 (습식)	$\frac{66}{1000} \times 1900 \times \frac{9.81}{10^3} = 1.23$ kN/m²

PC 부재 조건

춤	250 mm	중공	9 개
부재 너비	1200 mm	자중	3.3 kN/m²

※ 주 : PC부재는 시공성을 위해 단부를 깎거나 홈을 파야만 한다.
(본서의 3.3절을 참조하라.)

무지보공

시공 순서는 콘크리트 토핑을 타설하기 전에 보의 양 측면에 PC 부재를 설치하는 것을 포함한다.

하중 조건

	kN/m²		kN/m²
고정하중-천장 및 설비	0.10	적재 하중- 점유율	4.0
바닥 마감재	0.00	간막이	1.0
보의 자중	0.20		
PC 부재	3.30	= 4.0+1.0	5.0
= 0.10+0.20+3.30	3.60		
콘크리트 토핑	1.23	시공상 하중	0.5
= 3.60+1.23	48.3		

강재단면치수

▶ SCI P202[28]

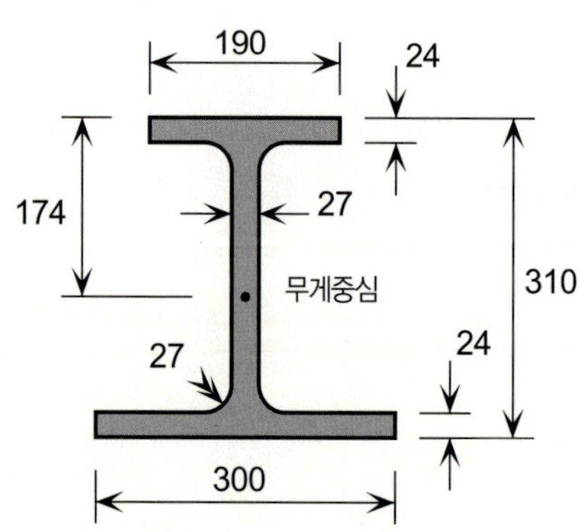

강재 단면 특성

(상부플랜지로부터 떨어진)중립축의 위치	y_e	174 mm
강축 단면 2차 모멘트	I_x	28400 cm^4
약축 단면 2차 모멘트	I_y	6840 cm^4
단면2차 반경	r_y	5.93 cm
비틀림 상수	J	513 cm^4
단면 계수(상단)	Z_x	1630 cm^3
소성 단면 계수	S_x	2160 cm^3
단면적	A	195 cm^2
워핑 상수	H	895,000 cm^6
좌굴 한계	u	0.82
비틀림 지표	x	9.97

T≥16 mm 일 때, 소성설계강도 p_y = 345 N/mm^2

◀ BS 5950-1[4] 3.1.1절

단면은 시공유형A 소성상태이다.

시공 단계

횡방향 휨

ASB 단면이 다른 효과들과 더불어 횡방향으로 작용하는 휨과의 상호작용은 크지 않다. 그러나 검토 절차를 서술하기 위한 목적으로 하부플랜지에 대한 계산 절차를 아래에 설명하였다.

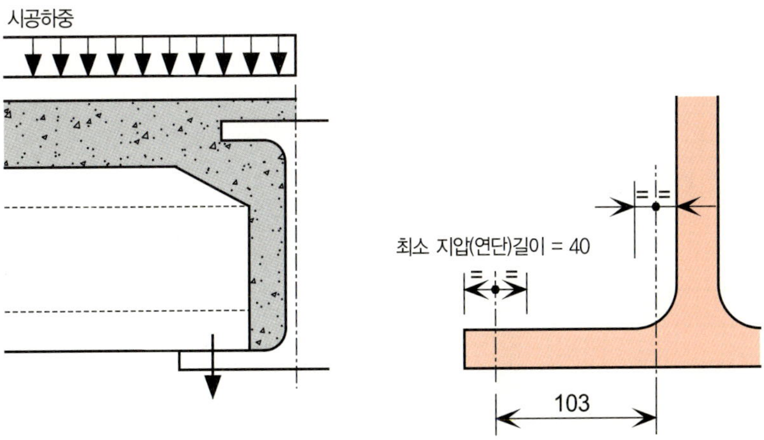

$$\text{적용된 비틀림 하중의 팔거리} = \frac{300-40-27-27}{2} = 103 \text{ mm}$$

설계 하중		kN
PC부재	= (1.4×3.3)×6.7×7.5/2	= 116.1
시공 하중	= (1.6×0.5)×6.7×7.5/2	= 20.1
콘크리트 토핑	= (1.4×1.23)×6.7×7.5/2	= 43.3
	= 116.1+20.1+43.3	= 179.5

플랜지의 횡방향 모멘트 $M_t = 179.5 \times \frac{103.0}{1000} = 18.5 \text{ kNm}$

플랜지 휨 저항 내력 $M_{R.flange} = \frac{1.2 \times 6700 \times 24^2 \times 345}{6 \times 10^6} = 266.3 \text{ kNm}$

$\therefore$ 상호 작용 $= \frac{M_t}{M_{R.flange}} = \frac{18.5}{266.3} = 0.069$

감소된 하부플랜지의 설계 강도 σ_1는 다음과 같다

$$\frac{\sigma_1}{p_y} = \left[1 - 0.52\left(\frac{M_t}{M_{R.flange}}\right) - 0.48\left(\frac{M_t}{M_{R.flange}}\right)^2\right]^{0.5}$$

$$\therefore \frac{\sigma_1}{345} = [1 - 0.52\,(0.069) - 0.48\,(0.069)^2]^{0.5} = 0.98$$

▶ 시공단계 횡방향 휨의 상호작용은 무시가능

※ 주 : 하부플랜지의 종방향 휨 능력의 감소분은 2% 미만이다. 횡방향 휨의 영향은 무시할 수 있다.(즉, 플랜지에 작용하는 횡방향 및 종방향 휨응력 사이의 상호작용은 시공단계 이후 계산에서 무시한다.) 웨브에 작용하는 횡방향과 종방향 휨의 상호작용은 그 효과가 역시 매우 작으므로, 이후 계산에서 무시한다.

▶ 본서의 4.1절

시공 하중 유형 1 : 보의 한쪽 측면에만 PC 부재 중량 및 시공하중이 작용하는 경우

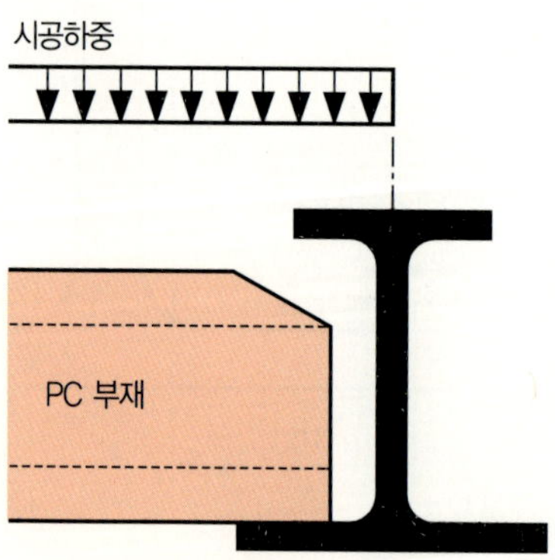

▶ 본서의 3.2.3절

PC 부재와 시공하중은 오직 보의 한쪽 측면에만 적용하므로 ASB 단면에 비

틀림이 발생한다.

설계 하중		kN
PC부재	= 1.4×3.3×6.7×7.5/2	= 116.1
시공 하중	= 1.6×0.5×6.7×7.5/2	= 20.1
	= 116.1+20.1	= 136.2
보의 자중	= 1.4×0.2×6.7×7.5	= 14.1

ASB 단면은 6.7m 경간 길이에 걸쳐 횡적으로 구속되지 않은 것으로 간주한다.

횡비틀림좌굴(LTB) 검토 - 휨과 비틀림이 조합된 하중

◀ 본서의 4.7절

상관 작용식 검토

$$\frac{M_x m_{LT}}{M_b} + \left\{ \frac{(\sigma_{byT} + \sigma_w)}{p_y} \right\} \left\{ 1 + \frac{0.5 M_x m_{LT}}{M_b} \right\} \leq 1$$

◀ SCI 출간물 P057[14]

전체 하중 = 136.2 + 14.1 = 150.2 kN

강축 방향 모멘트 $M_x = 150.2 \times \frac{6.7}{8} = 125.8$ kNm

비틀림에 대한 모멘트 팔 = $\frac{300-40}{2} = 130$ mm

적용된 비틀림 $T_q = 136.2 \times \frac{130}{10^3} = 17.7$ kNm

단면의 좌굴 저항 능력 M_b의 설정

◀ BS 5950 1[4] 4.3.6절

$M_b = p_b \times S_x$

여기서 $p_b = f(\lambda_{LT})$

등가의 등분포 모멘트 요소, m_{LT}

하중은 안정적으로 작용한다.

∴ 등분포하중에 대하여, $m_{LT} = 0.925$

◀ BS 5950-1 【표 18】

등가 세장비, λ_{LT}

$\lambda_{LT} = u\nu\lambda, \sqrt{\beta_w}$ 여기서 시공유형A 소성 상태에 대한 $\beta_w = 1.0$

약축 방향에 대한 세장비, λ

$$\lambda = \frac{L_E}{r_y} = \frac{6700}{5.93 \times 10} = 113$$

◀ Sheet 2

좌굴 한계, $u = 0.82$

세장비 요소, ν

$$\nu = \frac{1}{[(4\eta(1-\eta)+0.05(\lambda/x)^2+\psi^2)^{0.5}+\psi]^{0.5}}$$

플랜지 비, η

$$\eta = \frac{I_{yc}}{I_{yc}+I_{yt}}$$

$$I_{yc} = \frac{T_t \times B_t^3}{12} = \frac{24\times190^3}{12\times10^4} = 1372\ \text{cm}^4$$

$$I_{yt} = \frac{T_b \times B_b^3}{12} = \frac{24\times300^3}{12\times10^4} = 5400\ \text{cm}^4$$

$$\therefore \eta = \frac{1372}{(1372+5400)} = 0.203$$

$0.1 \le \eta \le 0.9$ 때문에,
$\psi = k_n(2\eta - 1)$
$\eta < 0.5$, $k_n = 1.0$ 때문에,
$\therefore \psi = 1(2\times\eta - 1) = 1(2\times0.203 - 1) = -0.594$

비틀림 지표, $x = 9.97$

$$\therefore \nu = \left\{\left[4\times0.203(1-0.203)+\frac{1}{20}\left(\frac{113}{9.97}\right)^2+0.594^2\right]^{1/2}-0.594\right\}^{-1/2} = 0.69$$

등가 세장비
$\lambda_{LT} = u\nu\lambda = 0.82\times0.69\times113$
$\lambda_{LT} = 63.9$

▶ BS 5950-1[4] 【표 16】

BS 5950-1의 【표 16】으로부터
$p_b = 239\ \text{N/mm}^2\ (p_y = 345)$

좌굴 저항 능력, M_b
$M_b = S_x\times p_b = 2160\times10^3\times239/10^6$
$\therefore M_b = 516\ \text{kNm}$

비틀림 한계

$a = \left(\frac{EH}{GJ}\right)^{0.5}$ 여기서 $E/G = 205/78.8 = 2.6$

$H = 895{,}000\ \text{cm}^6$ ◀ Sheet 2

$\therefore\ a = \left(\frac{2.6 \times 895{,}000 \times 10^6}{513 \times 10^4}\right)^{0.5} = 674\ \text{mm}$

$L/a = \frac{6700}{674} = 9.95$

본서의 【표 4.1】을 이용하거나 SCI P175 부록 B.5에 있는 그래프를 사용하면, ◀ SCI-P175[10]
$\varphi GJ/T_q a = 1.15$

$\therefore\ \varphi = \frac{1.15 \times 17.7 \times 10^6 \times 674}{78.8 \times 10^3 \times 513 \times 10^4} = 3.4 \times 10^{-2}\ \text{rads}$

$\varphi''\ GJa/T_q = -0.098$

$\therefore\ \varphi'' = \frac{-0.098 \times 17.7 \times 10^6}{78.8 \times 10^3 \times 513 \times 10^4 \times 674} = -6.4 \times 10^{-9}\ \text{rads/mm}^2$

면밀한 조사에 의하여 상부플랜지의 상호 작용은 비대칭 단면으로 인하여 중요하다.

상부플랜지에 발생되는 약축 방향의 휨 모멘트 σ_{xT}
$M_{yT} = M_x \varphi = 125.8 \times 3.4 \times 10^{-2}$
$\therefore\ M_{yT} = 4.27\ \text{kNm}$

상부플랜지에 발생되는 약축 방향의 휨 응력

$\sigma_{byT} = \frac{M_{yT}}{Z_y}$

여기서 $Z_y = I_y/y = \frac{6840 \times 10^4}{190/2} = 720 \times 10^3\ \text{mm}^3$

$\sigma_{byT} = \frac{4.27 \times 10^6}{720 \times 10^3} = 5.9\ \text{N/mm}^2$

무게 중심으로부터 전단 중심까지의 거리, y_o

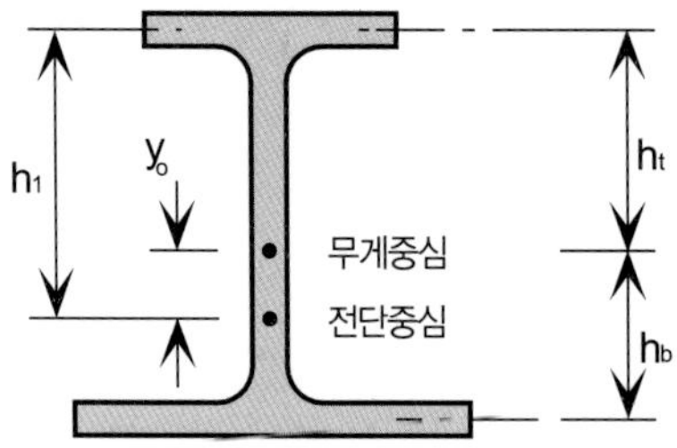

$$y_o = \frac{h_b I_{yt} - h_t I_{yc}}{I_{yt} + I_{yc}}$$

$$h_t = 174 - \frac{24}{2} = 162 \text{ mm}$$

▶ SCI P202[28]
▶ Sheet 5

$$h_b = 310 - 174 - \frac{24}{2} = 124 \text{ mm}$$

$I_{yc} = 1372\text{cm}^4$ 그리고 $I_{yt} = 5400 \text{ cm}^4$

$$\therefore y_o = \frac{124 \times 5400 - 162 \times 1372}{5400 + 1372} = 66 \text{ mm}$$

정규화된 워핑 함수, W_{no}

$$W_{no} = \frac{B_t h_1}{2}$$

$$h_1 = h_t + y_o = 162 + 66 = 228 \text{ mm}$$

$$\therefore W_{no} = \frac{190 \times 228}{2} = 21660 \text{ mm}^2$$

워핑 응력, σ_w

$\sigma_w = EW_{no} / \varphi'' /$

$\therefore \sigma_w = 205 \times 10^3 \times 21660 \times 6.4 \times 10^{-9} = 28.4 \text{ N/mm}^2$

▶ Sheet 5
▶ OK

좌굴식에 대한 표현식에 이 값들을 대입하면,

$$\frac{125.8 \times 0.925}{516} + \left(\frac{5.9+28.4}{345}\right)\left(1 + \frac{0.5 \times 125.8 \times 0.925}{516}\right) = 0.34 < 1 \quad \therefore \text{OK}$$

하중 저항 능력 검토 (압축 플랜지에 조합된 응력)-조합된 휨과 비틀림 하중

◀ 본서의 4.7절

$$\sigma_{bx} + \sigma_{byT} + \sigma_w \leq p_y$$

$$\sigma_{bx} = \frac{M_x}{Z_x} = \frac{125.8 \times 10^3}{1630} = 77.3 \text{ N/mm}^2$$

$$77.3 + 5.9 + 28.4 = 111.6 \text{ N/mm}^2$$

국부 응력 검토 : $\frac{111.6}{345} = 0.32 < 1 \therefore$ OK

◀ OK

시공하중 유형1 은 좌굴과 국부 내력에서 만족스럽다.(회전에 의한 상부플랜지의 수평 변위 검토에 대해서는 【표 21】을 살펴보시오.)

◀ 시공유형(i) OK

시공 하중 유형 2 : 보의 양쪽 측면에 PC 부재가 놓이고, 토핑과 시공하중이 한쪽에만 부가된 경우

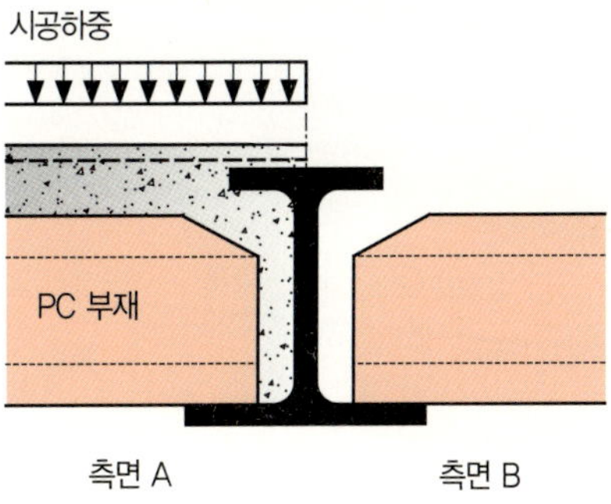

PC 부재는 보의 양쪽에 놓인다. 추가적으로 한쪽에만 콘크리트 토핑과 시공하중이 부가된다. 이것은 ASB단면에 휨과 비틀림 하중을 발생시킬 것이다.

설계 하중(측면A)		kN
PC부재	= (1.4×3.3)×6.7×7.5/2	= 116.1
콘크리트	= (1.4×1.23)×6.7×7.5/2	= 43.3
시공 하중	= (1.6×0.5)×6.7×7.5/2	= 20.1
	= 116.1+ 43.3+20.1	= 179.5

설계 하중(측면B)		kN
PC부재	= (1.4×3.3)×6.7×7.5/2	= 116.1
보의 자중	= (1.4×0.2)×6.7×7.5	= 14.1

ASB 단면은 횡적으로 구속되어 있지 않다.

횡비틀림좌굴에 대한 검토 – 조합된 휨과 비틀림 하중

좌굴 상관식 검토

$$\frac{M_x m_{LT}}{M_b} + \left\{ \frac{(\sigma_{byT} + \sigma_w)}{p_y} \right\} \left\{ 1 + \frac{0.5 M_x m_{LT}}{M_b} \right\} \leq 1$$

전체 하중 = 179.5 + 116.1 + 14.1 = 309.7 kN

강축 방향 모멘트, $M_x = 309.7 \times \frac{6.7}{8} = 259.4$ kNm

적용된 비틀림 $T_q = (179.4 - 116.1) \times \frac{130}{10^3} = 8.24$ kNm

▶ Sheet 6 이전 계산으로부터, $M_b = 516$ kNm

Sheet 5 $m_{LT} = 0.925$

Sheet 6 $L/a = 9.95$

$\varphi GJ/T_q a = 1.15$

$$\therefore \varphi = \frac{1.15 \times 8.24 \times 10^6 \times 674}{78.8 \times 10^3 \times 513 \times 10^4} = 1.57 \times 10^{-2} \text{ rad}$$

$\varphi'' GJa/T_q = -0.098$

$$\therefore \varphi'' = \frac{-0.098 \times 8.24 \times 10^6}{78.8 \times 10^3 \times 513 \times 10^4 \times 674} = -3.0 \times 10^{-9} \text{ rad/mm}^2$$

상부플랜지에 발생되는 약축 방향 휨 모멘트 M_{yT}

$M_{yT} = M_x \varphi = 259.4 \times 1.57 \times 10^{-2}$

$\therefore M_{yT} = 4.1$ kNm

상부플랜지에 발생되는 약축 방향의 휨 응력, σ_{byT}

$$\sigma_{byT} = \frac{M_{yT}}{Z_y} = \frac{4.1 \times 10^6}{720 \times 10^3} = 5.7 \text{ N/mm}^2$$

워핑 응력, σ_w

이전 계산으로부터

$\therefore\ W_{no} = 21660\ \text{mm}^2$ ◀ Sheet 7

$\therefore\ \sigma_w = 205 \times 10^3 \times 21660 \times 3.0 \times 10^{-9} = 13.3\ \text{N/mm}^2$

좌굴에 대한 식에 이 값을 대입하면,:

$$\frac{259.3 \times 0.925}{516} + \left[\frac{5.7+13.3}{345}\right]\left[1+\frac{0.5 \times 259.3 \times 0.925}{516}\right] = 0.53 < 1$$

$\therefore$ OK ◀ OK

국부 내 검토(압축 플랜지에 조합된 응력)– 조합된 휨과 비틀림 하중

$\sigma_{bx} + \sigma_{byT} + \sigma_w \leq p_y$

$$\sigma_{bx} = \frac{M_x}{Z_x} = \frac{259.4 \times 10^6}{1630 \times 10^3} = 159.1\ \text{N/mm}^2$$

전체 응력 = $159.1 + 5.7 + 13.3 = 178.1\ \text{N/mm}^2$

국부 저항 능력 검토 : $\dfrac{178.1}{345} = 0.52 < 1.0$

$\therefore$ OK ◀ OK

시공 하중 유형2는 좌굴과 국부 저항 능력에서 만족스럽다. ◀ 시공유형(ii) OK
면밀한 조사에 의해서 비틀림은 이 경우 중요하지 않다.

부록

시공 하중 유형 3 : 비균형 하중 (다양한 시공 하중)

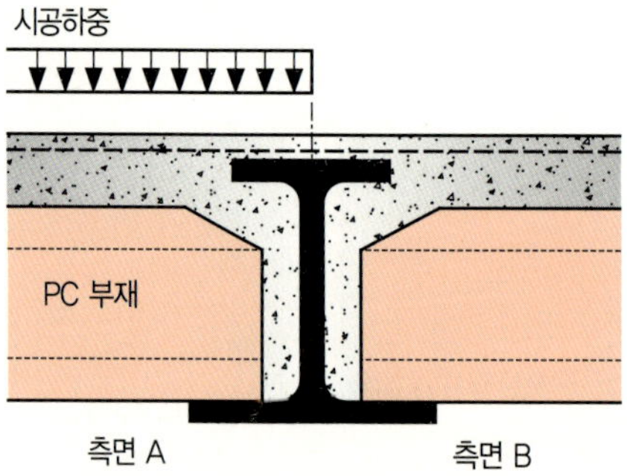

PC부재와 콘크리트 토핑은 보의 양쪽 측면에 놓인다. 시공 하중은 오직 한쪽 측면에만 놓인다. 이것은 ASB단면에 휨과 비틀림을 발생시킬 것이다.

PC 부재의 경간 길이가 동일하기 때문에 이 경우는 중요하지 않을 것 같다. 그러나 여기서는 설계의 완벽성을 위해 포함시킨다.

▶ Sheet 8

설계 하중(측면A)	이전 계산으로부터,	kN
PC 부재		= 116.1
콘크리트		= 43.3
시공 하중		= 20.1
	= 116.1+43.3+20.1	= 179.5

설계 하중(측면B)	이전 계산으로부터,	kN
PC부재		= 116.1
콘크리트		= 43.3
	= 116.1+43.3	= 159.4
보의 자중		= 14.1
전체 하중	= 179.5+159.4+14.1	= 353

ASB 단면은 횡적으로 구속되어 있지 않다.

횡비틀림좌굴 검토 – 휨과 비틀림의 조합된 하중

강축 방향 모멘트, $M_x = \dfrac{353 \times 6.7}{8} = 295.6$ kNm

적용된 비틀림, $T_q = (179.5 - 159.4) \times \dfrac{130}{10^3} = 2.61$ kNm

이전 계산으로부터, $\varphi GJ/T_q a = 1.15$ ◀ Sheet 6

$$\therefore \varphi = \frac{1.15\times\times 2.61\times 10^6\times 674}{78.8\times 10^3\times 513\times 10^4} = 5.0\times 10^{-3}\ \mathrm{rad}$$

$$\therefore \varphi'' = \frac{-0.098\times 2.61\times 10^6}{78.8\times 10^3\times 513\times 10^4\times 674} = -9.4\times 10^{-10}\ \mathrm{rad/mm^2}$$

상부플랜지에 발생하는 약축 방향의 휨 모멘트, M_{yT}

$M_{yT} = M_x\varphi = 295.6\times 5.0\times 10^{-3} = 1.48\ \mathrm{kNm}$

상부플랜지에 발생하는 휨 응력, σ_{byT}

$$\sigma_{byT} = \frac{M_{yT}}{Z_{y(top)}} = \frac{1.48\times 10^6}{72\times 10^3} = 2.1\ \mathrm{N/mm^2}$$

워핑 응력, σ_w

$\sigma_w = EW_{no}|\varphi''| = 205\times 10^3\times 21660\times 9.4\times 10^{-10} = 4.2\ \mathrm{N/mm^2}$

강축 방향의 휨 응력, σ_{bx}

$$\sigma_{bx} = \frac{M_x}{Z_{x(top)}} = \frac{295.6\times 10^6}{1630\times 10^3} = 181.3\ \mathrm{N/mm^2}$$

좌굴 저항 능력 검토

이전 계산으로부터, $M_b = 516\ \mathrm{kNm}$ ◀ Sheet 6

$m_{LT} = 0.925$ Sheet 5

좌굴에 대한 식에 이 값을 대입하면, :

$$\frac{M_x m_{LT}}{M_b} + \left(\frac{(\sigma_{byT}+\sigma_w)}{p_y}\right)\left(1+\frac{0.5M_x m_{LT}}{M_b}\right) \le 1$$

$$\frac{295.6\times 0.925}{516} + \left(\frac{2.1+4.2}{345}\right)\left(1+\frac{0.5\times 295.6\times 0.925}{516}\right) = 0.55 < 1.0$$ ◀ OK

∴ OK

국부 능력 검토(압축 플랜지에 조합된 응력) – 조합된 휨과 비틀림 하중

$\sigma_{bx}+\sigma_{byT}+\sigma_w \le p_y$

전체 응력 = 181.3+2.1+4.2 = 187.6

검토 : $\frac{187.6}{345} = 0.54 < 1.0$

▶ OK ∴ OK

▶ 시공유형(iii) OK 시공 하중 유형 3은 좌굴과 강도에 대해 만족스럽다. 면밀한 조사에 의하면 비틀림은 이 경우 중요하지 않다.

시공 하중 유형 4 : 균형 하중(최대 하중 상태)

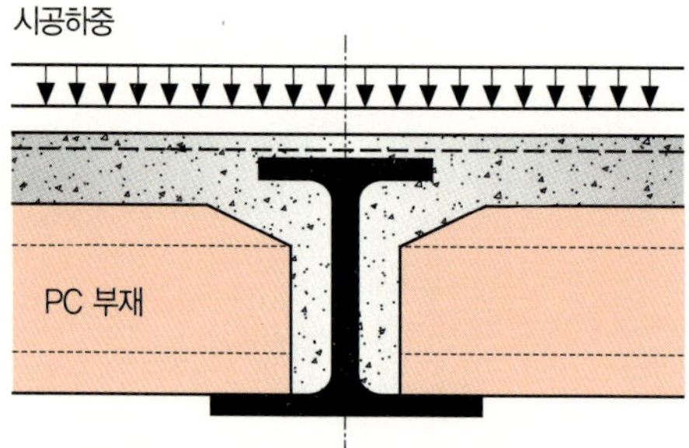

보의 양쪽 측면에 최대 휨을 발생시키는 PC부재, 콘크리트 토핑 그리고 시공하중이 놓인다.

※ 주 : 보의 양 측면으로 PC부재의 길이가 다를 경우에는 비틀림이 발생하게 되며, 이 경우 조합된 휨과 비틀림 하에서의 검토를 수행하는 것이 필요하다.

설계 하중		kN
PC부재	$= (1.4 \times 3.3) \times 6.7 \times \frac{7.5}{2}$	= 116.1
콘크리트	$= (1.4 \times 1.23) \times 6.7 \times \frac{7.5}{2}$	= 43.3
시공 하중	$= (1.6 \times 0.5) \times 6.7 \times \frac{7.5}{2}$	= 20.1
	= 116.1+43.3+20.1	= 179.5
보의 자중	= (1.4×0.2)×6.7×7.5	= 14.1

ASB 단면은 횡구속되어 있지 않다.

횡비틀림좌굴 검토 (LTB)

전체 하중 = 179.5 + 179.5 + 14.1 = 373 kN

작용 모멘트, $M_x = 373 \times \frac{6.7}{8} = 312.3$ kNm

보의 좌굴 저항 능력, M_b

이전 계산으로 부터, $M_b = 516.0$ kNm ◀ Sheet 6

$m_{LT} = 0.925$ Sheet 5

검토 : $\frac{M_x m_{LT}}{M_b} \leq 1$

$\therefore \frac{312.3 \times 0.925}{516.0} = 0.56 < 1.0 \quad \therefore$ OK ◀ OK

최대 하중이 적용된 경우인 시공하중 유형 4 만족스럽다. ◀ 시공유형(iv) OK

시공하중 유형 5 : PC 부재, 콘크리트 토핑, 그리고 시공 하중이 모두 보의 한쪽 측면에만 놓이는 경우.

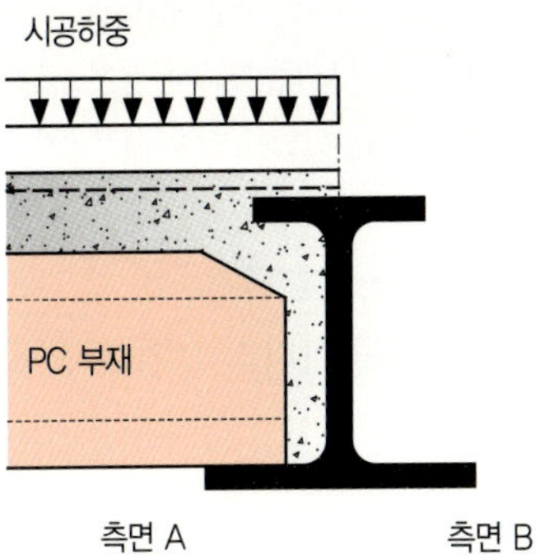

공사시방서와 현장감독을 통하여 부재가 설치되기 이전에 콘크리트 토핑을 하는 것은 금하도록 가정하기 때문에 시공하중 조건 5는 고려치 않는다. ◀ 공사시방서에 따라 현장감독함

완공단계

※ 주 : ASB단면과 콘크리트 사이에 어떠한 합성 거동도 발생되지 않는다는 가정하에 설계가 수행되므로 강도는 오직 강재 단면에만 근거하여 검토한다.

완공하중 유형 1 – 다양한 적재 하중

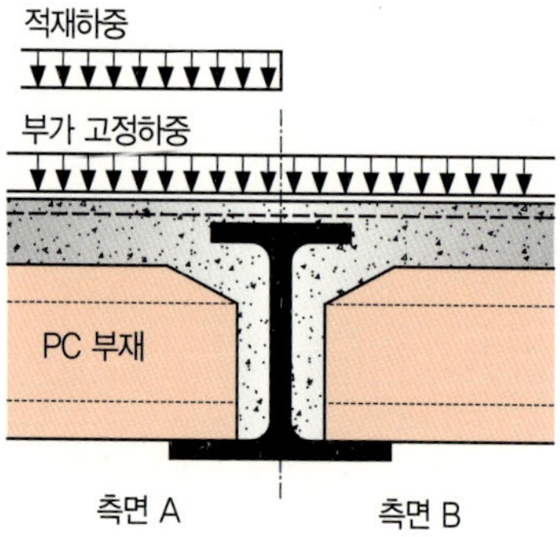

ASB단면의 양쪽 측면에 놓인 PC부재들, 콘크리트 토핑 그리고 부가되어진 고정 하중 (천장과 설비).

(만약 PC의 경간 길이가 다를 경우) 보다 긴 쪽에만 적재하중을 둔다.

이러한 하중 유형은 ASB 단면에 최대 비틀림을 발생시키는데, 이것은 보강된 슬래브로 간주하여 바닥을 검토하는 것으로 평가할 수도 있다. 그러나 여기서는 오직 강재 단면만이 거동하는 것으로 가정하였다.

보는 횡비틀림좌굴에 대하여 횡적으로 구속되어진 것으로 가정한다.

적재하중은 보의 하부플랜지를 통해서 전달되는 것이 아니라 보의 전단 중심을 지나 작용하는 것으로 가정한다.

▶ 건식중량 콘크리트 사용

설계 하중(측면A)		kN
PC부재	$= (1.4\times3.3)\times6.7\times\frac{7.5}{2}$	= 116.1
콘크리트	$= (1.4\times1.23)\times\frac{1800}{1900}\times6.7\times\frac{7.5}{2}$	= 41.0
천장 & 설비	$= (1.4\times0.1)\times6.7\times\frac{7.5}{2}$	= 3.5
	= 116.1+41.0+3.5	= 160.6
부가된 하중	$= (1.6\times5.0)\times6.7\times\frac{7.5}{2}$	= 201.0
	= 160.6+201.0	= 361.6

설계 하중(측면B)		kN
PC부재	$= (1.4\times3.3)\times6.7\times\frac{7.5}{2}$	= 116.1
콘크리트	$= (1.4\times1.23)\times\frac{1800}{1900}\times6.7\times\frac{7.5}{2}$	= 41.0
천장 & 설비	$= (1.4\times0.1)\times6.7\times\frac{7.5}{2}$	= 3.5
	= 116.1+41.0+3.5	= 160.6
보의 자중	= (1.4×0.2)×6.7×7.5	= 14.1
전체 하중	= 361.6+160.6+14.1	= 536.3

횡비틀림좌굴 검토 – 조합된 휨과 비틀림의 하중

ASB 단면은 횡비틀림좌굴에 대하여 구속되어 있다. 그러므로 이 검토는 적용하지 않는다.

국부 내력 검토 (압축 플랜지의 조합된 응력) – 조합된 휨과 비틀림 하중

강축 방향 모멘트, $M_x = 536.3\times\frac{6.7}{8} = 449.2$ kNm

비틀림, $T_q = (361.6 - 160.6)\times\frac{130}{10^3} = 26.1$ kNm

이전 계산에 의해서, $\varphi GJ/T_q a = 1.15$ ◀ Sheet 6

$$\varphi = \frac{1.15\times26.1\times10^6\times674}{78.8\times10^3\times513\times10^4} = 0.05 \text{ rad}$$

$$\varphi'' = \frac{-0.098\times26.1\times10^6}{78.8\times10^3\times513\times10^4\times674} = -9.4\times10^{-9} \text{ rad/mm}^2$$

상부플랜지에 발생하는 약축 방향의 휨

$M_{yT} = M_x\varphi = 449.2\times0.05 = 22.5$ kNm

약축 방향의 휨 응력

$$\sigma_{byT} = \frac{M_{yT}}{Z_{y(\text{top flange})}} = \frac{22.5\times10^6}{720\times10^3} = 31.2 \text{ N/mm}^2$$

워핑 응력

$\sigma_w = EW_{no}/\varphi''/ = 205\times10^3\times21660\times9.4\times10^{-9} = 41.7\ N/mm^2$

강축 방향의 휨 응력

$$\sigma_{bx} = \frac{M_x}{Z_{x(top)}} = \frac{449.2\times10^6}{1630\times10^3} = 275.6\ N/mm^2$$

국부 내력 검토 (압축 플랜지의 조합된 응력) – 조합된 휨과 비틀림 하중

$\sigma_{bx} + \sigma_{byT} + \sigma_w \leq p_y$

$275.5+31.2+41.7 = 348.4\ N/mm^2$

▶ OK

검토 : $\frac{348.4}{345} = 1.01$

그러나 이 검토는 매우 안전치를 고려한 검토이기 때문에 'OK' 라고 판명한다.

▶ 완공단계 유형 (i) OK

완공 단계 하중 유형 1은 '만족스럽다' 라고 판명한다.(부가된 (다양한) 하중에 대하여 SLS(사용하중)에 근거한 회전 검토는 【표 22】를 살펴보시오.)

완공 단계 하중 유형 2 – 완공단계 최대 하중

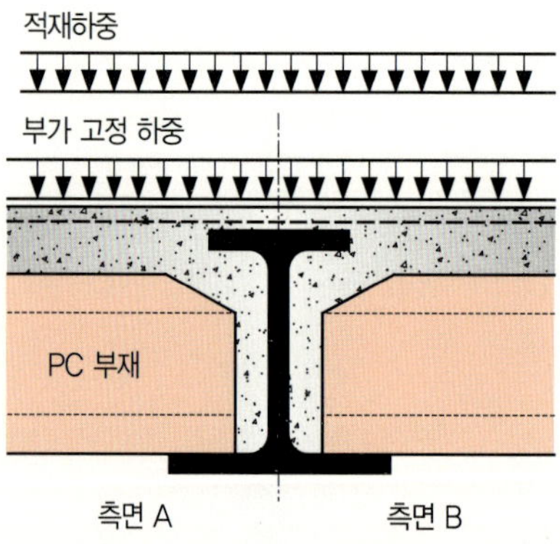

ASB 단면의 양측에 PC부재, 콘크리트 토핑, 부가 고정하중 그리고 재하 하중.
보는 비합성 상태이며, 횡 구속된 것으로 가정한다.

본서에 의하여 적절한 보강재가 설치된 것으로 가정한다. 따라서 재하 하중은 보의 하부플랜지를 통해서 전달되는 것이 아니라 보의 전단 중심을 통하여 거동하는 것으로 가정한다. (본서의 4.4절을 참조하시오.)

◀ Sheet 1

설계 하중		kN
PC부재	$=(1.4\times3.3)\times6.7\times7.5$	$=232.2$
콘크리트(건식)	$=(1.4\times1.23)\times\frac{1800}{1900}\times6.7\times7.5$	$=82.0$
천장 & 설비	$=(1.4\times0.1)\times6.7\times7.5$	$=7.0$
부가된 하중	$=(1.6\times5.0)\times6.7\times7.5$	$=402.0$
보의 자중	$=(1.4\times0.2)\times6.7\times7.5$	$=14.1$
	$=232.2+82.0+7.0+402.0+14.1$	$=737.3$

휨 저항 능력 검토

모멘트, M_x

$$M_x=\frac{WL}{8}=737.3\times\frac{6.7}{8}=617.5\ \text{kNm}$$

(비합성) 보의 모멘트 저항력, M_{cx}

$$M_{cx}=S_xP_y=\frac{2159\times10^3\times345}{10^6}=744.9\ \text{kNm}$$

단위 계수 $=\frac{617.5}{744.9}=0.83\langle 1.0\ \therefore \text{OK}$ ◀ OK

ASB 단면의 전단 내력 검토

(지점에) 작용된 최대 전단력, F_v

$$F_v=\frac{W}{2}=\frac{737.3}{2}=368.6\ \text{kN}$$

단면의 전단 저항력, P_v

$P_v=0.6\,p_yA_v$

$A_v=D\times t=310\times27=8370\ \text{mm}^2$

$\therefore P_v=0.6\times345\times8370\times10^{-3}=1732.6\ \text{kN}$

단위 계수 $=\frac{368.6}{1732.6}=0.21\langle 1.0\ \therefore \text{OK}$ ◀ OK

PC 부재의 전단력 검토

PC 부재의 자중 무시

▶ 본서의 5.2절

하중		kN
콘크리트(건식)	$= (1.4\times1.23)\times\frac{1800}{1900}\times\frac{7.5}{2}$	= 6.1
천장 & 설비	$= (1.4\times0.1)\times\frac{7.5}{2}$	= 0.5
부가된 하중	$= (1.6\times5.0)\times\frac{7.5}{2}$	= 30.0
	= 6.1+0.5+30.0	= 36.6

PC 부재의 저항 능력 : 제작자의 자료에 의하면 너비 바이슨 단위에 의한 250mm 두께의 극한 단부 전단 저항능력 = 136.7 kN

$$\text{전단 저항 능력, } V_{RO} = \frac{136.7}{1.2} = 113.9 \text{ kN/m}$$

유연한 지점의 허용 전단 저항능력
$= 0.35\times V_{RO} = 0.35\times113.9 = 39.9$ kN/m

▶ OK

$$\text{검토 : } \frac{36.6}{39.9} = 0.92 \le 1.0$$

▶ 완공단계 유형(ii) OK

완공 단계 유형(2)는 만족스럽다.

사용성 검토

▶ 본서의 4.3절

※ 주 : 적절한 상세 조건 하에서 시공 유형B의 사용성 한계상태에서 약간의 합성 거동을 고려하는 것은 가능하다. 이것은 처짐, 사용성 응력 및 고유 진동수의 계산에 영향을 미칠 것이다.

합성 거동에 대한 조건 검토

▶ 사용성단계에서 합성 거동을 가정

PC 부재는 보의 양쪽 측면에 대하여 연직방향으로 놓여 있다.
타이 바는 ASB의 웨브를 관통한다.
콘크리트 타설을 위해서 ASB 플랜지와 PC 부재 사이에 60mm의 틈새를 허용한다.
ASB단면의 콘크리트 피복 두께 = 30 mm
PC 부재의 콘크리트 피복 두께 ≥ 50 mm
∴ (슬래브 타설 이후에) 사용성 단계에서 합성 거동한다고 가정한다.

사용성 한계상태에서 합성 특성

※ 주 : 균열 상태에서의 성질은 매우 안전한 근사값으로 모든 사용성 계산에 대하여 사용될 수 있으나 사용성에 관한 응력 계산에 대해서만 사용하여야 한다. 이 예제에서 균열단면 특성은 사용성 응력 계산에만 사용하고 나머지 계산은 비균열단면 특성을 사용한다.

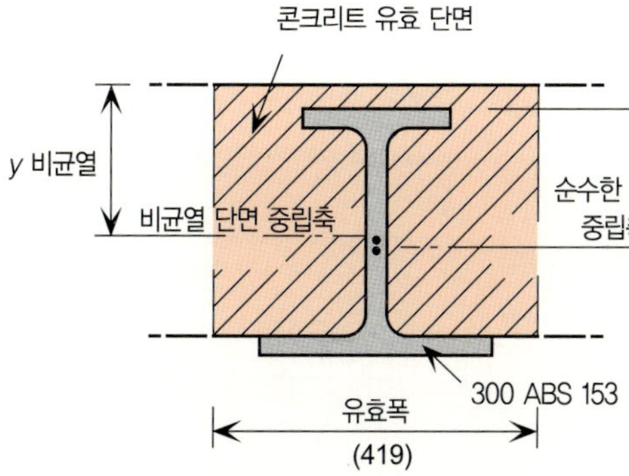

처짐의 비균열 상태에서의 성질 검토

$$\text{유효 폭} = 2\times\frac{\text{경간}}{32} = 2\times\frac{6700}{32} = 419\text{ mm }(\langle 1000\text{ mm})$$

◀ 본서의 4.3절

경량 콘크리트에 대한 계수비, 15로 가정한다.

(강재 부재 상에서) 슬래브 상부에 대한 단면 1차 모멘트

$$\left(\frac{419}{15}\times 316+195\times 10^2\right) y_{uncracked} = \frac{419}{15}\times\frac{316^2}{2} + 195\times 10^2\times(174+30)$$

$$28327\, y_{uncracked} = 5{,}372{,}655$$

$$\therefore y_{uncracked} = 189.7\text{ mm}$$

(강재 부재상에서) 비균열 단면 2차 모멘트

$$I_{uncracked} = \frac{419}{15}\times\frac{316^2}{2} + \frac{419}{15}\times 316\times\left(189.7-\frac{316}{2}\right)^2$$

$$+ 28400\times 10^4 + 195\times 10^2\times(174+30-189.7)^2$$

$$I_{uncracked} = 37031\times 10^4\text{ mm}^4$$

진동검토용 비균열 단면 특성

유효 너비= 419mm (즉, 처짐 검토에 대해서는 안전적이다.)

▶ 본서의 【표 4.2】

경량 콘크리트에 대한 동적 영계수 비 = 9.3

(강재 부재 상에서) 슬래브 상부에 대한 단면 1차 모멘트

슬래브 상부로부터 중립축까지의 춤 = $y_{dy.uncracked}$이라고 놓는다.

$$\left(\frac{419}{9.3}\times 316 + 195\times 10^2\right) y_{dy.uncracked} = \frac{419}{9.3}\times\frac{316^2}{2} + 195\times 10^2\times(174+30)$$

$$33737\ y_{uncracked} = 6{,}227{,}444$$

$$\therefore\ y_{uncracked} = 184.6\ \text{mm}$$

(강재 부재 상에서) 비균열 단면 2차 모멘트

$$I_{dy.uncracked} = \frac{419}{9.3}\times\frac{316^3}{12} + \frac{419}{9.3}\times 316\times\left(184.6 - \frac{316}{2}\right)^2$$

$$+\ 28400\times 10^4 + 195\times 10^2\times(174+30-184.6)^2$$

$$\therefore\ I_{dy.uncracked} = 41988\times 10^4\ \text{mm}^4$$

균열 단면 특성

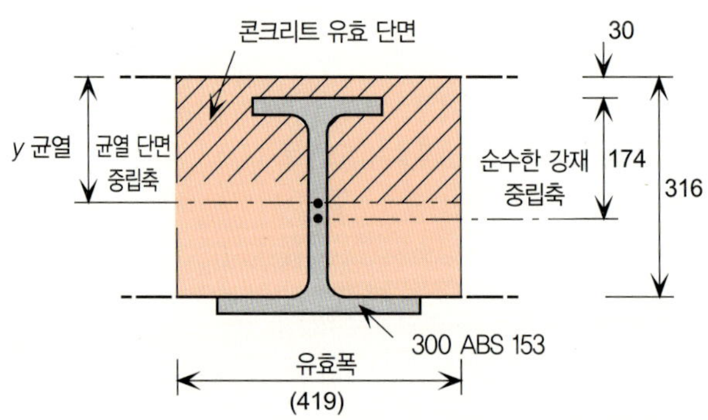

계수 비 = 15

(강재 부재 상에서) 슬래브 상부에 대한 단면 1차 모멘트

$$\left(\frac{149}{15}\times y_{cracked} + 195\times 10^2\right) y_{cracked} = \frac{419}{15}\times\frac{y_{cracked}^2}{2} + 195\times 10^2\times(174+30)$$

$$\therefore\ 13.97 y_{cracked}^2 + 19500 y_{cracked} - 3{,}978{,}000 = 0$$

$$y_{cracked} = \frac{-19500 \pm \sqrt{19500^2 + 4\times 13.97\times 3{,}978{,}000}}{2\times 13.97}$$

$\therefore y_{cracked} = 180.6\ \text{mm}$

(강재 부재 상에서) 균열 단면 2차 모멘트

$$I_{cracked} = \frac{419}{15} \times \frac{180.6^3}{12} + \frac{419}{15} \times 180.6 - \left(180.6 - \frac{180.6}{2}\right)^2$$
$$+ 28400 \times 10^4 + 195 \times 10^2 \times (174 + 30 - 180.6)^2$$

$\therefore I_{cracked} = 34{,}952 \times 10^4\ \text{mm}^4$

(강재 부재에 대하여) 탄성 단면계수

$$Z_{cracked}\,(\text{상부플랜지}) = \frac{34{,}952 \times 10^4}{180.6 - 30} = 2320 \times 10^3\ \text{mm}^3$$

$$Z_{cracked}\,(\text{콘크리트 상부}) = \frac{34{,}952 \times 10^4}{180.6} = 1935 \times 10^3\ \text{mm}^3$$

시공 단계 검토

시공 단계 자중에 의한 처짐

※ 주 : 순수한 강재 특성을 가정한다.

하중	(양측의 PC 부재와 콘크리트 토핑)	kN
PC부재	= 3.3×6.7×7.5	= 165.8
콘크리트	= 1.23×6.7×7.5/10^6	= 61.8
보의 자중	= 0.2×6.7×7.5	= 10.1
	= 165.8+61.8+10.1	= 237.7

시공 후 강재 보의 처짐 δc 은 다음과 같이 주어진다.

$$\delta_c = \frac{5}{384}\frac{WL^3}{EI} = \frac{5 \times 237.7 \times 6700^3}{384 \times 205 \times 28400 \times 10^4} = 16\ \text{mm}$$

처짐 검토 : 16 〈 경간/200 (= 33.5 mm) ∴ OK

시공 단계에서의 수평 처짐 검토

◀ 자중에 의한 처짐 OK

순수한 강재 특성

이 경우, 오직 한 측에만 놓여진 PC 부재에 대해서만 검토를 한다.

비틀림 하중 = $3.3\times6.7\times\frac{7.5}{2}$ = 82.9 kN

비틀림, $T_q = 82.9\times130\times10^{-3}$ = 10.8 kNm

▶ Sheet 7 (보 상부플랜지의 상단으로부터) 전단 중심까지의 거리

$= h_1 + T/2 = 228 + \frac{24}{2} = 240.0$ mm

회전, φ

▶ Sheet 6 이전 계산으로부터

$\varphi GJ/T_q a = 1.15$

$$\therefore \varphi = \frac{1.15\times10.8\times10^6\times674}{78.8\times10^3\times513\times10^4} = 0.0207 \text{ rads}$$

수평 처짐 = 0.0207×240.0 = 5.0 mm

▶ 시공단계수평방향 처짐 OK 수평 처짐 검토 5.0 〈 경간/500 (= 13.4 mm)

완공 단계에서의 사용성 처짐과 회전 검토

부가된 하중에 대한 처짐 검토

비균열된 상태의 합성 특성을 가정한다.

하중, $W = 5.0\times6.7\times7.5$ = 251.3 kN

$$\delta_c = \frac{5}{384}\frac{WL^3}{EI_{uncracked}} = \frac{5\times251.3\times6700^3}{384\times205\times37031\times10^4} = 13.0 \text{ mm}$$

▶ 적재하중에 의한 처짐 OK 부가된 하중에 대한 처짐 검토 13.0 〈 경간/360 (= 18.6 mm)

전체 처짐 검토

부가 고정 하중 = $0.1\times6.7\times7.5$ = 5.0 kN

부가 고정하중에 대한 처짐 검토, δ_c

$$\delta_c = \frac{5}{384}\frac{WL^3}{EI_{uncracked}} = \frac{5\times5\times6700^3}{384\times205\times37031\times10^4} = 0.3 \text{ mm}$$

전체 처짐 = 16+13+0.3 = 29.3 mm

검토 : 29.3 〈 경간/200 (= 33.5 mm) ◀ 전체 처짐 OK

∴ OK

진동 응답

◀ 본서의 4.8.2 절

바닥의 고유 진동수 검토

고유 진동수 계산시 사용된 하중

= 자중 + 천장 & 설비 + 부가된 하중의 10% ◀ Sheets 21과 22

= 237.7 + 5.0 + 251.3×10%

= 267.8 kN

udl 상에서의 표현된 하중

$$= \frac{267.8}{6.7 \times 7.5} = 5.33 \text{ kN/m}^2$$

※ 주 : 이 계산식에서 사용되어진 부가 하중의 비율에 대한 설명은 본서의 4.8.4절을 참조하시오.

즉시 처짐, δ_{sw}

$$\delta_{sw} = \frac{wb}{384E}\left(\frac{5L^4}{I_b} + \frac{b^3}{I_{slab}}\right)$$

여기서,

- $w = 5.33$ kN/m²
- $b = 7.5$ m
- $L = 6.7$ m
- $I_b = I_{dy,uncracked} = 41988 \times 10^4$ mm⁴ ◀ Sheet 19

여기서 슬래브는 316mm의 속이 찬 비균열 상태에서의 경량 콘크리트 슬래브와 동일하다고 가정한다. 제작자로부터 주어진 자료가 없는 경우, 철근은 무시한다.

이것은 매우 안전한 설계이다.

표준 무게를 가지는 콘크리트의 동적 계수 = 9.3 ◀본서의 [표 4.2]

$$\therefore\ I_{slab} = \frac{1000}{9.3}\times\frac{316^3}{12} = 28275\times10^4\ \text{mm}^4/\text{m}\ (\text{강재 규격})$$

$$\therefore\ \delta_{sw} = \frac{5.33\times7.5\times10^{-3}}{384\times205}\left(\frac{5\times6.7^4}{41988}+\frac{7.5^3}{28275}\right)\frac{10^{12}}{10^4} = 12.9\ \text{mm}$$

고유 진동수, f_o

$$f_o = \frac{18}{\sqrt{\delta_{sw}}} = \frac{18}{\sqrt{12.9}} = 5.0\ \text{HZ}$$

▶ 본서의 4.8.4 절
▶ 고유진동수 OK

고유 진동수는 한 바닥판에 대하여 3.55Hz 한계보다 더 크기 때문에 적절하다. N.B (북영권) 별도로 보의 고유 진동수 검토를 필요로 하지 않는다.

응답 계수 검토

전체 바닥에 대한 응답은 P076[15]에서 제시된 한계값과 비교하여 평가할 수 있다. 그러나 이 계산은 간략함을 위해 여기서는 생략한다.

응력 검토

완공 단계 상에서의 돌이킬 수 없는(영구) 변형이 발생하지 않도록 하기 위해서 사용성 응력을 검토한다. 검토시 부분안전계수 1.0과 강재 단면의 탄성 성질을 사용하여 수행한다.

비합성 단계에서의 응력

▶ Sheet 21

전체 하중 = 237.7 kN

$$\text{모멘트} = \frac{237\times6.7}{8} = 199\ \text{kNm}$$

▶ 상부플랜지가 중요함

$$\text{압축력을 받는 플랜지의 응력} = \frac{\text{모멘트}}{Z_x} = \frac{199\times10^6}{1630\times10^3} = 122.1\ \text{N/mm}^2$$

합성 단계에서의 응력 : 균열 상태에서의 단면 특성을 가정한다.

하중		kN
최대고정하중		= 5.0
부가된 하중		= 251.3
	= 5.0+251.3	= 256.3
적용된 모멘트	$= \frac{256.3\times6.7}{8}$	= 214.7

압축 플랜지의 응력 = $\frac{\text{모멘트}}{Z_{cracked}} = \frac{214.7\times10^6}{2320\times10^3} = 92.5\ \text{N/mm}^2$

압축 플랜지의 전체 응력 = $122.1+92.5 = 214.6\ \text{N/mm}^2$

검토 : 0.62 〈 1.0 ∴ OK ◀ OK

콘크리트 응력 = $\frac{\text{모멘트}}{Z_{cracked}} = \frac{214.7\times10^6}{1935\times10^3\times15} = 7.4\ \text{N/mm}^2$ ◀ BS 5950-3: 1990[12] 2.4.3절

콘크리트 응력에 대한 한계 = $0.5\ f_{cu} = 0.5\times30 = 15\ \text{N/mm}^2$

검토 : $\frac{7.4}{15} = 0.49$ 〈 1.0 ∴ OK ◀ OK

응력 검토는 만족스럽다. ◀ 응력검토 OK

최대하중을 받는 경우 비대칭적인 PC부재의 경간 길이로 인하여 비틀림 효과가 발생하며, 이러한 비틀림이 발생하게 되면 ULS(극한 하중 상태)에 의해서 행해지는 국부 내력 검토는 SLS(사용 하중 상태) 검토에 의한 것 보다 항상 상세하게 이루어진다. 그러나 ULS 검토는 비합성 특성을 가정하며 보다 복잡한 ULS 하중 계수를 포함한다. 그러므로 이러한 사항들이 발생시 SLS 응력 검토를 할 필요가 없음에 유의해야 한다.

화재 저항 능력 검토

ASB 화재 검토

사무소 하중에 대한 화재한계상태에서의 하중
= 0.5×재하 하중 + 1.0×(자중 + 천장 & 설비 + 간막이) ◀ 【표 6.1】 참조
= $0.5\times4.0 + 1.0\times(0.2 + 3.3 + 1.23 + 0.1 + 1.0) = 7.8\ \text{kN/m}^2$ ◀ Sheet 2

화재한계상태에서 모멘트

$$= \frac{7.8\times7.5\times6.7^2}{8.0} = 328.3\ \text{kNm}$$

무내화피복 단면의 60분 화재 저항 능력에 대하여 ◀ 【표 6.3】
화재 극한 상태에서 모멘트 저항 능력 = 461.2 kNm OK
단위 요소 = 328.3/461.2 = 0.71

부록

▶ ASB 내화성능 OK

화재 극한상태에서 모멘트 저항 능력은 적용된 모멘트보다 크다. 그러므로 비지지 단면은 60분 화재 저항 능력을 달성할 수 있다. 어떠한 추가적인 내화 피복도 필요하지 않다.

PC 부재의 화재 검토

하중	(PC부재의 자중은 무시한다.)	kN
콘크리트 (건조상태)	$= 1.0 \times 1.23 \times \frac{1800}{1900} \times \frac{7.5}{2}$	= 4.4
천장 & 설비	$= 1.0 \times 0.1 \times \frac{7.5}{2}$	= 0.4
부가된 하중	$= 0.5 \times 5.0 \times \frac{7.5}{2}$	= 9.4
전체	= 4.4+0.4+9.4	= 14.2

▶ Sheet 17

화재 조건 하에서의 PC부재의 저항 능력
완공 상태에서의 전단 저항 능력, V_{RO} = 113.9 kN/m

화재 상태에서 유연한 지점에서 허용전단저항 능력
$= 0.20 \times V_{RO} = 0.20 \times 113.9 = 22.8$ kN/m

▶ OK

검토 : $\frac{14.2}{22.8} = 0.62 \le 1.0$

▶ 본서의 6.6절, 6.7절, 【표 6.3】 PC부재 내화성능 OK

보강 상세

이 경우, 화재 시 60분의 내화 성능을 발현하기 위해서 접합부 혹은 중공 긴결철근이 보와 플로어 슬래브의 일체 거동을 확보 하기 위해서 필요하다. 최소 철근 직경은 10mm이다.

접합부 설계

※주 : 접합부를 설계할 때, 설계자는 선택된 기둥의 단면 특히 기둥에 연결되는 다른 보나 타이 부재에 관한 접합부 상세와 단부 상에서 접합부가 ASB중심선으로부터 후퇴하여 발생할 수 있는 그 밖의 편심 효과 등을 고려하여야만 한다.

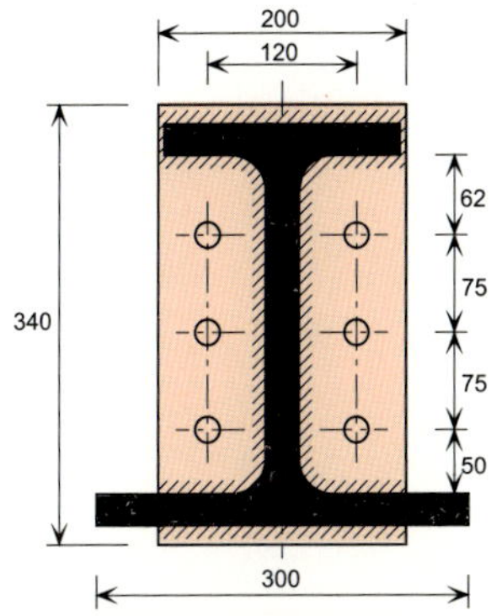

특별 상세 요구사항이나 기둥 단면의 접합을 위해 별도로 요구되는 편심 효과는 없다고 가정한다. ◀ 본서의 4.9절

단부평판을 시도하라.

–6 No의 유형B. M20규격의 8.8 볼트와 12mm 두께의 등급 S275 단부평판

이 예제의 설계조건 중에서는 사용상태가 가장 불리한 설계조건이 된다.

완공단계 조건 (2) 고려(전단력만 고려)

극한 단부 전단력, F_r = 368.6 kN ◀ Sheet 17

볼트당 작용 전단력 = 368.6/6 = 61.4 kN

볼트당 전단 저항 능력(M20 등급 8.8) = 91.9 kN

12mm단부평판의 지압 저항 능력 = 110 kN

∴ 볼트 그룹의 전단 저항 능력 = 6×91.9 = 551.4 kN 〉 368.6 kN ◀ SCI P202[28]

∴ OK

완공 단계 유형 (1)의 고려 (전단력 + 비틀림)

극한 단부 전단력 = $\dfrac{536.3}{2}$ = 268.2 kN ◀ Sheet 15

작용 비틀림 = $\dfrac{26.1}{2}$ = 13.1 kNm

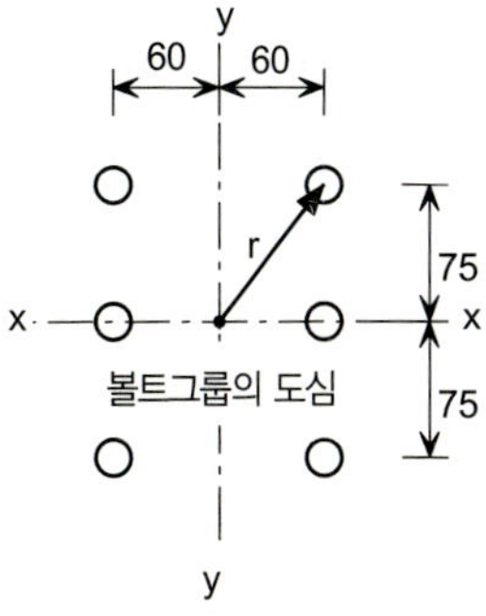

부록

볼트 그룹에 비틀림에 의해서 생성되는 전단 응력은 r^2에 비례하는 것으로 가정한다. 여기서 r은 볼트 그룹의 도심으로부터 떨어진 거리이다.

그러므로, 볼트 그룹의 극단면 2차 모멘트는 $I_{xy} = I_x + I_y$ 이다.

$I_{xy} = 4 \times 75^2 + 6 \times 60^2 = 44{,}100$ mm^2 (볼트 면적)

$$\text{볼트의 비틀림에 의한 최대 전단응력} = \frac{\text{토크}}{I_{xy}/y}$$

$$\text{볼트에 가해진 최대 응력(전단력)} = \frac{\text{토크} \times (\text{볼트면적})}{I_{xy}/y}$$

$$= \frac{13.1 \times 10^3 \times (\text{볼트면적})}{44{,}100 \times (\text{볼트면적})/\sqrt{60^2+75^2}} = 28.5 \text{ kN}$$

조합된 전단력과 비틀림 하중 조합력에 의해 최종적으로 볼트에 가해진 힘

$$\text{볼트 당 작용 전단력} = \frac{268.2}{6} = 44.7 \text{ kN}$$

볼트 당 최종적으로 작용하는 전단력 $= \sqrt{44.7^2+28.5^2} = 53$ kN 〈 91.9 kN

∴ OK

▶ 6 No의 유형B M20규격의 8.8 볼트와 12mm 두께의 엔드 플레이트 OK

※ 주 : 접합부의 기둥과 단부평판 용접부 역시 검토할 필요가 있다.

부록 C

시공유형A에 사용되는 ASB단면의 횡뒤틀림 좌굴 해석

"시공유형A에서 ASB 단면의 횡뒤틀림좌굴 가능성을 평가하는 방법은 4.4에서 이미 간략히 설명하였다. 이 부록에서는 보다 상세한 설명을 추가하였다."

좌굴시 외력에 의해 행해진 일을 변형된 단면에 의해서 흡수된 에너지와 등치시켜서 횡뒤틀림 좌굴 탄성 임계 좌굴 모멘트 Mcr 를 계산할 수 있다. 이 접근법을 ASB단면의 하부플랜지 재축방향 비틀림과 횡변위에 대해 구축되어 있다고 가정하여 적용하였다. 이 해석에서 아래 【그림 C.1】에서 보는 바와 같이 단순 지지 단부 사이에 반파형 좌굴모드를 가정하여 적용한다.

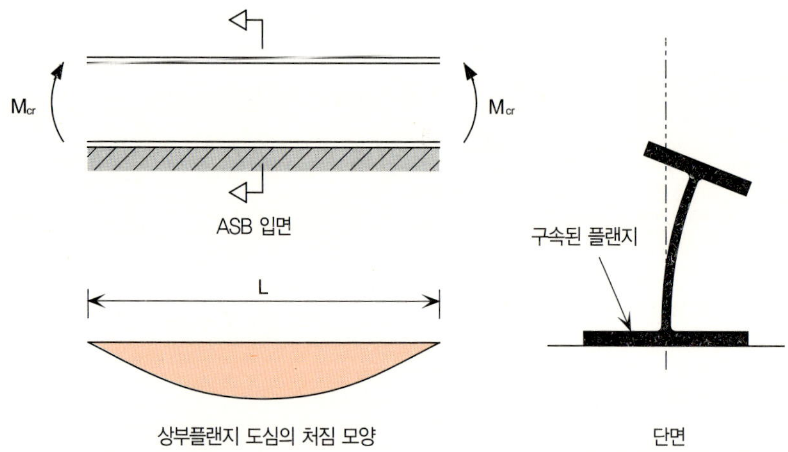

【그림 C.1】 횡뒤틀림 좌굴 해석에서 가정된 모델

만약 단면의 워핑을 무시한다면 탄성 임계 좌굴 모멘트는 다음 식으로 표시된다.

$$\frac{M_{cr}}{I_{xx}}\left(B_t T_t (h_s - y_p) + \frac{h_s t}{1120}(215 h_s - 264 y_p)\right)$$
$$= EI_{yc}\left(\frac{\pi}{L}\right)^2 + \frac{2G}{h_s^2}\left(\frac{9J_{tf}}{8} + \frac{3J_w}{5}\right) + \frac{3EI_w}{h_s^3}\left(\frac{L}{\pi}\right)^2$$

여기서,

- B_t : 비구속된 (상부) 플랜지 두께
- E : 영계수
- G : 전단 탄성계수
- h_s : 각 플랜지의 도심 사이 거리
- I_w : 약축 방향에 대한 단위 웨브 춤당 웨브의 단면 2차 모멘트 $\frac{1}{12}t^3$
- I_{xx} : 강축 방향 단면 2차 모멘트
- I_{yc} : 비구속된 (상부) 플랜지의 강축방향 단면 2차 모멘트

· J_{tf} : 비구속된(상부) 플랜지의 비틀림 상수
· J_w : 웨브의 비틀림 상수 $\approx \frac{1}{3}h_s t^3$
· L : 반파형 좌굴장
· M_{cr} : 탄성 임계 좌굴 모멘트
· t : 웨브 두께
· T_t : 비구속된 (상부) 플랜지 두께
· y_p : 구속된 플랜지의 도심으로부터 소성 중립축 까지의 거리

아래 【그림 C.2】는 2개 또는 3개의 반파형 좌굴모드까지 포함하여 좌굴장과 임계좌굴하중의 관계를 도시한 것이다.

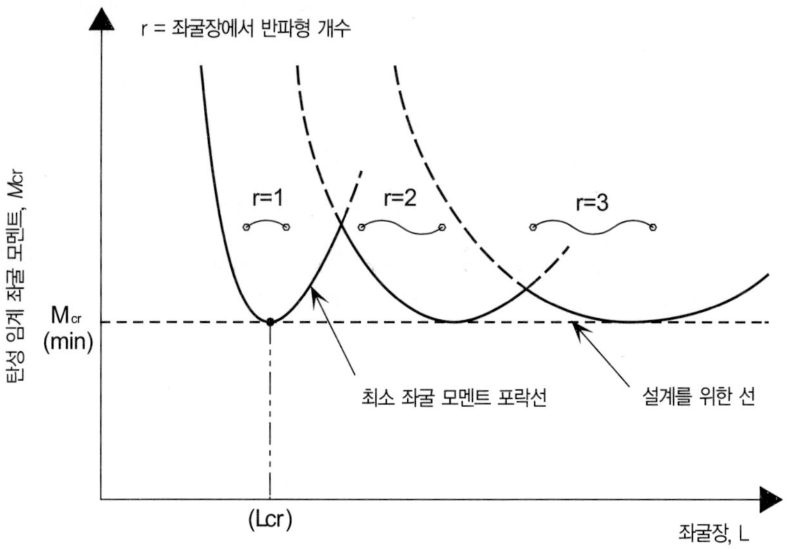

【그림 C. 2】 좌굴장 대 탄성 임계 좌굴 모멘트 관계도

미분을 통하여 단일 반파형 좌굴모드의 최소 M_{cr} 값은 다음과 같이 얻을 수 있다.

$$L_{cr} = 3.74\left\{2\times I_{yc}\left(\frac{h_s}{t}\right)^{0.75}\right\}^{0.25}$$

h_s는 ASB의 춤D로 근사화할 수 있다.

다음과 같이 탄성 임계 좌굴 모멘트는 BS 5950-1에서 정의된 등가 세장비 λ_{LT}로서 표현되어 질 수 있다.

$p_E = (\pi^2 E / \lambda_{LT}^2)$

여기서,

$p_E = \frac{M_{cr}}{S_x}$, 여기서 S_x = 강축에 대한 ASB의 소성 단면계수

그러므로, 이것은 다음과 같이 정리할 수 있다.

$$\lambda_{LT} = \frac{\left\{\frac{S_x}{h_s I_{yc}}\right\}^{0.5} + \left\{\frac{h_s}{I_{xx}}\left(B_t T_t (h_s - y_p) + \frac{h_s t}{1120}(215 h_s - 264 y_p)\right)\right\}^{0.5}}{\left\{\frac{1}{L^2} + \frac{2G}{\pi^2 h_s^2 E I_{yc}}\left(\frac{9 J_{tf}}{8} + \frac{3 J_w}{5} + \frac{3 I_w L^2}{\pi^4 h_s^3 I_{yc}}\right)\right\}^{0.5}}$$

$L = L_{cr}$를 대입하여, 설계를 위한 최소 등가 세장비와 탄성 임계 좌굴 모멘트 M_{cr}를 얻을 수 있다.

L_{cr}과 λ_{LT}의 공식에 있어서 중요한 매개변수는 $\left(\frac{h_s}{t}\right)^{0.75}$ 이며, 이것은 $\left(\frac{D}{t}\right)^{0.75}$ 으로 근사하여 계산한다.

L_{cr}과 λ_{LT}는 값 4.4절에서 행해진 바와 같이 모두 이 변수들로 표현되어질 수 있다. 항복강도의 영향과 기하학적 불완전의 영향은 '휨강도' 의 형식으로 포함시키기 위해 다음의 BS 5950-1 관계식에 p_E를 대입할 수 있다.

$$(p_E - p_b)(p_y - p_b) = \eta_{LT} p_E p_b$$

여기서,

- p_b : 휨 강도
- p_y : 항복 강도
- η_{LT} : BS 5950-1에 정의된 Perry 계수와 Robertson 상수

휨 강도는 BS 5950-1에서 제시된 표로부터 그 값을 직접 취하거나 다음 식을 이용하여 얻을 수 있다.

$$p_b = \frac{p_e p_y}{\varphi_{LT} + (\varphi_{LT}^2 - p_e p_y)0.5}$$

여기서,

$$\varphi_{LT} = \frac{p_y + (\eta_{LT} + 1)\, p_E}{2}$$

따라서 위 식에 의해 횡뒤틀림좌굴의 가능성을 감안한 모멘트 내력을 산정할 수 있다.

PC슬래브 활용 **슬림플로어 설계 – 정가 12,000**
Design of Asymmetric Slimflor Beams with
Precast Concrete Slabs

초판 _ 1쇄 발행 2009년 12월 1일
펴낸곳 _ RIST 재)포항산업과학연구원
홈페이지 _ RIST – www.rist.re.kr / RIST 강구조연구소 – ss.rist.re.kr
책임감수 _ RIST 강구조연구소 / 고려대학교 주영규 외
번역 _ RIST 강구조연구소 – 장인화, 김진호, 백승경, 정미영, 하태휴
서울대학교 건축학과 – 이철호, 김정재, 안재권, 한규홍
부산대학교 건축학부 – 오상훈, 박해용
고려대학교 건축사회환경공학부 – 주영규, 박세호
편집디자인 _ 씽크 커뮤니케이션즈 T.02.3444.1437
출판사 _ 구미서관 – www.goomibook.com T.02.333.1101
출판등록 _ 1979년 6월 29일 No.9–6호

ISBN 978-89-8225-750-6(93540)